ARCHITECTURE STUDIO SERIES. 003

URBAN TECTONIC

Contents

URBAN TECTONIC

'텍토닉과 도시이미지 형성'을 연상하게 하는 장면들

건축대학 건축학부 교수 **이준석**

scene #1

'....thesis[1] 가 뭐하는 건가요?' 대학원 졸업 후 같은 대학원에 들어오게 된 한 후배가 내게 물어봤다. 그 당시 나는 졸업한 지 한 두 해 지난 사회인으로서, 젊은 혈기를 건축설계사무소에 쏟아 부으며 지낼 때였다. 학교와는 어느 정도의 거리를 둔 상태였는데 내가 몰두 했었던 학교에서의 과거 경험이 무엇이었는지를 순간 스스로 정리하게 된 계기가 된 것이다. 그러나 이 질문에 나는 전혀 거리낌 없이 어렵지 않게 대답했던 기억이 있다. '너가 믿는 건축이 뭔지 보여주는 작업이야. 건축을 구성하는 성분들을 정의내리고, 너가 바라는 건축의 역할이 누구를 대상으로 무엇을 하는 것인가를 보여주는 일이지...' 지금도 선명하게 기억되는 것은 그 때 늘어놓은 짧은 대답은 내가 학교에 있을 당시에는 단 한 번도 정의 내려 보려고 애쓰지 않았던 'thesis(졸업논문설계)'에 대한 내가 믿는 바였고, 잘 정돈된 내용이었다. 대답 후 나는 그 후배에게 건축에서 내가 졸업논문설계를 통해 어떤 바라는 바가 있었고, 어떤 소재를 다루었으며 그것을 성공적으로 제시하기 위해 고민했던 여러 과정들을 설명해주었다.

건축학을 전공하는 학생들에게는 아무리 평범한 학생이라 하더라도 한 번은 스포트라이트를 받는다. 그 학생이 무대전공이라서가 아니라 건축학을 공부하면서 무엇을 공부했는지, 졸업을 하는 마당에 지난 여러 해 동안 건축을 어떻게 이해했는지 스스로 한 번 내보이는 기회가 주어지는 것이다. 이것은 상당히 독특한 방식이 아닐 수 없다. 졸업생으로서의 검증이라기보다 건축이라는 답이 없는 학문에 대한 창의적인 대응으로서, 주장될 수 있는 또 하나의 목소리, 학생들의 주장에 대해 귀 기울여보고 여러 전문적 의견들을 나누고 판정 내리는 형식이다. 건축

1) University of Pennsylvania(펜실페니아 대학) 건축학석사학위 과정에서 마지막 학기 졸업논문설계 작업을 'thesis' 라고 지칭하였다.

그림 1. 역사건축의 가치와 현대건축의 시(時)적 대비, MOMA, 뉴욕, Yoshio Taniguchi 설계

은 사람을 대하는 훈련이면서 그 가운데 자아를 표현하여 실현시키는 연습이다. 따라서 건축학을 전공하는 학생은 건축을 구성하는 성분들을 꾸준히 익히고 창의적으로 실습해 보면서 어느 정도의 자신감을 키워나가고 건축에 대한 믿음을 쌓을 줄 알아야 한다. 물론, 이 과정에서 설득력과 건축적 가능성에 기반한 것들을 소재로 다뤄야 한다. 여기에 우리가 아는 모든 학문과 지식이 동원되며, 마무리 단계에서의 주장은 다분히 자의적 창작의 범위 안에 있었음을 또한 스스로 강조할 수 있어야 한다.

scene #2

'시(時)적인 창작행위로서의 짓기(peotics of craft construction[2])'가 의미하는 건축의 본질은 넓다. 무엇인가를 지어 올리려는 태초 인간의 본능에서부터 고도의 노력과 성과물로서 무엇인가를 쌓아 올리려는 행위에 이르기까지 그 범위는 많은 것을 내포하는 것이 사실이다. 그러나 작던 크던 분명한 것은 분명해야 한다. 무엇인가를 지을 때 제대로 지어야 하며, 그것은 의미 있어야 하고 그 모든 과정과 결과는 우리에게 행복과 즐거움이어야 할 것이다. 여기서, 무엇인가를 짓는다는 생각은 상당히 큰 이야기이다. 우리 문화와 삶을 담는 그릇들과 그 그릇들의 모임인 도시를 짓는 일을 의미한다. 그것은 오래 견딜 수 있는 그 무엇인가를 항상 추구해야 함을 의미한다. 물리적으로 또한 정신적으로 오래 간직되어야 할 값어치를 지니는 것이 무엇인지를 제시할 수 있어야 한다.

그러나 흥미로운 것은 무겁고 신중한 생각만으로는 건축이 가능하지도 않다. 대신, 어떤 주어진 문제를 해결하는 방법에 있어서 누군가의 주관에 의한 주장이 필요하고, 그것은 언제나 가벼운 생각에서부터 시작될 수도 있다. 사회를 구성하는 모든 이들의 눈을 만족시키기 위해서는 아마도 그 아무것도 제시될 수 없을 것이다. 그러나 건축가는 사안의 중요성, 우선순위, 그

2) K. Frampton, 1995

리고 시급함을 고려하여 자신의 이상과 주관에 따라 어떤 해결안을 주장하고 또 선도해야 한다. 이 때, 건축가에게는 생각지도 못했던 아이디어로 사람들을 흔들어 깨우고, 새롭게 조명되어야 하는 우리가 추구할 가치를 일깨워주며 리더십을 바탕으로 무엇인가를 제시하는 임무를 갖는다. 창의적인 발상, 진지한 가치에 대한 추구, 그리고 커뮤니티를 사랑하는 마음, 잠들어 있는 이들을 흔들어 깨워 동참하게 만드는 일 등. 건축을 주장한다는 것은 마치 우리사회의 리더가 갖춰야 하는 덕목과도 일치하는 듯하다. 그러기 때문에 소질 하나만 내세울 수 있는 사람이 건축가로 성공한 사례가 거의 없는 것이다. 건축을 주장하는 사람은 이성적인 가치를 포함하여 감성을 바탕으로 사람들을 설득시키고 때로는 흥분 속에서 자신이 추구하는 주장에 대해 열의를 갖고 대해야 한다. 이러한 능력을 갖추기 위하여, 또한 준비된 견고한 마음가짐을 갖기 위한 일련의 훈련과정이 건축 공부의 본질이라고 본다.

그림 2. tectonic적 발상에 의한 중력 부재(不在)의 표현. 줄리아드 음악대학, 뉴욕, Diller Scofidio + Renfro 설계

scene #3

건축이 무엇인지에 대한 다양한 의견이 있을 수 있다. 그러나 한 가지 분명한 것은 건축이란 오래된 존재라는 전제가 있고, 그것을 이어 받아 고민한다는 것이다. 오래되었다는 것, 인간이 인지하고 있는 시간의 범위를 벗어나 우리가 잘 알지 못하는 먼 옛날부터 존재했으며 우리가 아는 그 모든 것들의 이전 세계에서부터 쌓인 역사를 갖고 있다. 그럼에도 불구하고 인류가 만든 가장 크고 알 수 없는 미스테리 중 하나가 세상에서 가장 오래된 건축물임을 돌이켜 볼 때, 과연 우리가 지금 다루고 있고 안다고 자신하는 건축은 건축의 전부라고 할 수 있을까?

건축은 견고해야 한다. 시간을 두고 변하지 않는 가치가 건축의 주된 성분이어야 하는 것이다. 역사 속에 존재해 온 건축물들에서 인정될 수 있고 이해할 수 있는 뚜렷한 가치를 바탕으로 우리의 지식은 배양되어 왔다. 건축의 기본이라고 보는 tectonic을 생각할 때 몇 가지 사안들에 대해서는 우리 모두가 확신을 갖고 있고, 또한 명심해야 할 가치들이다. 그리스어원에서

그림 3. 부재들에 의한 결합의 예술과 도시이미지 형성. 뉴욕타임즈 본사, 뉴욕, Renzo Piano 설계

온 'tekton'은 목수(carpenter)를 의미하며 'tekne'는 길들여진 '재주'나 '기예'(skill)를 의미한다. 결코 단순 기술적 능력만을 의미하지 않는다. 그리고 중요한 것은 tectonic에 내재된 가치는 인간의 '자율'이나 '창의'라는 점이다. 그 의미를 찾는 노력의 하나로 tectonic은 당연히 'Art(예술)'의 범주 안에 있음을 말한다. 즉, tectonic은 'aesthetic judgement(미학적 판단)'에 관한 것이며 결국 tectonic은 'art of joinings(부재들에 의한 결합의 예술)'로 이미 설명되었다.[3] 즉, 건축은 여러 부위들의 결합체임을 부정할 수 없으며, 완성도 높은 건축일수록 구성 부위들과 결합 상태, 방법 등에 대한 고도의 가치를 포함하고 있어야 함은 우리에게 시사하는 바가 적지 않다.

다른 한 편으로, 곧 tectonic의 개념이 기반이 된 건축은 자유로울 수 있고 창의적 개념은 풍부해짐을 의미한다. 건축을 통한 시적인 표현과 어떤 의미의 부여 속에 공간을 공중에 들어 올리고 있는 건축세계에 대한 은유와 한 편의 드라마가 가능해진다. 뿐만 아니라 건축의 개념으로 우리가 즐겨 다루는 희화된 이야기들이 더욱 풍부한 근거로 견고해지기도 한다. 대가들의 건축에서 발견되는 'tectonic compact'들과 'in-visibility of tectonics' 등은 이미 알고 있는 건축의 개념에 무한한 깊이를 더하기도 한다.[4] 건축이 더욱 자유로워질 수 있기 위해, 더 많은 설득력을 거머쥐기 위해 기본기에 충실할 필요가 여기에 있는 것이며, 더욱 유리한 입장에서 건축가 자신의 이상을 펼치기 위해서 tectonic을 깊이 있게 이해하고 그 위에 쌓아올린 개념이어야 하는 이유가 되는 것이다. 따라서 건축에서 구현되어야 하는 tectonic의 가치는 thesis 환경에서 실험적으로 적극 거론될 필요가 있으며, 그것에 임하는 사람은 그 기본기를 갖추기 위해 노력해야 할 것이다. 건축이 예술(art)임을 tectonic의 이해에서 비로소 가능해진다.

---

3) A. H. Borbein 1982

4) C. Vallhonrat 2000

scene #4

그림 4. 도시 속의 'collage'. 뉴욕, 하이라인(High Line), James Corner 설계. Standard Hotel, Polshek Partners 설계

건축은 현실을 준비하는 행위라고 본다. thesis를 통해 아무리 미래의 희망을 노래한다 하여도 우리의 현실, 우리를 대상으로 한 예측할 수 있고 경험되어질 수 있는 현실이 주된 소재이어야 한다. 사람들을 대상으로 그들의 삶을 살게 하는 틀을 지어주고 담는 행위로서의 건축이라고 할 때 건축은 '도시성'을 벗어나기 힘들 것이며, 파급될 수 있는 대상을 고려한 건축작업이 관심사라면 더더욱 그러하다. 따라서 도시적 상황, 그리고 그에 따른 많은 희망사항들을 다루는 것은 건축가의 꿈이며 의무이어야 한다. 도시 속에는 또한 여러 가지 표정과 인류애가 담겨 있다. 목표를 달리하는 개인들의 집합체이며, 또한 동시에 이들은 모두 다 공유하는 공동의 목표를 갖고 있기도 하다. 이러한 환경을 배경으로 끊임없는 요구와 문제들을 다루는 연습은 건축을 온전하게 경험하기 위한 지금길이 된다.

다양한 표정으로서의 도시는 사뭇 무질서를 나타내기도 하고, 풍부한 소재로서의 도시문화를 만들기도 한다. 도시가 갖고 있는 특성은 넓고 다양하여, 어떤 문제를 구별해 내고 그 문제에 접근하려는 개인에 의해 더욱 확장된 의미가 부여될 수 있다. 도시문제의 이해와 표현은 이미 '꼴라지(collage)'의 방법으로 효과적으로 제안된 바 있고 도시성에 내포되어 있는 이상적 제안과 우리의 전통성을 동시에 조명할 수 있다고 했다.[5] 이 방식의 접목은 특히 현재 우리의 시점에서 지속적으로 다루어질 필요를 느끼고 있고 더욱 적나라해 질 필요를 느낀다. 특히 현재 우리 도시의 성장 속에 서구사회와의 접목은 큰 마찰을 내재한 체 우리 삶을 장악하고 있고, 고전적 방식의 서구 현대도시의 이해방식을 넘어 보다 적극적이고 관능적인 방법의 해석을 필요로 하기 때문이다.

5) C. Rowe, F. Koetter, 1978

우리 주변의 도시들은 신음하고 있다. 개념의 정립이 어려운 질서파괴, 일률적인 적용, 즉흥성, 대중의 묵인, 무의식에 존재하며 일탈의 모습으로 재등장하는 역사의식 등 우리의 감성을 무디게 하고 있는 수 많은 자극들은 갈 길을 잃고 있는 느낌이고, 이 혼돈의 조직을 단순 물리학으로 풀 수 없는 복잡계에 비유하고 싶다. 어디서부터 풀 수 있는 실마리를 찾을 수 있을까? 그것은 결국 불가능한 상황일지라도 수많은 모순 속에 건축적 가치는 끊임없이 확보되어야 하므로, 지속적인 해석의 노력은 필요하며 그 속에 새로운 패러다임과 마주칠 행운을 기대해본다. 도시는 이렇듯 많은 것을 담고 있으며 끊임없는 해석의 노력만이 이에 대응하는 건축의 존재감을 다져 나아갈 수 있을 것이다.

Re-scene #1

형태/구상(figurative) 우선주의적인 건축에서의 가치추구는 tectonic의 본질을 초월해 왔고 오래가지 않을 '이즘(ism)' 위주의 시간 속 기억의 하나로서만 의미를 갖으며, 앞으로도 건축의 세계에서 주의하고 경계해야할 우리의 과거 경험에서 본 문제이다. 그러므로 작은 것에 흔들리지 않는 가치를 중심으로, 지속적으로 강조되고 훈련되어 온 건축의 쟁점들을 다루는 문제임이 졸업을 준비하는 학생들에게 주문되었다.

어떤 이야기와 소재들을 다뤄야 제대로 된 thesis(졸업설계작품)가 될지에 대해서, 이 책의 11개 작품은 주장하고 있다. 모두 다른 개인의 소질과 감성, 이상과 건축적 관심사를 바탕으로 지난 5년 동안 힘 기울여 온 건축학전공 교육의 최종 노력의 결과는 우리 신세대들에게 닥친 도전과 과거에 비해 수정된 이상향들, 숨 가쁘게 그려내고 싶은 건축에 대한 희열과 그 아름다움, 그리고 그 속에서 피어나는 시간에 흔들리지 않는 건축적 가치를 이 작품들은 추구하고 있다. 정해진 해법과 측정될 수 없고 정해진 해답을 전제로 하지 않는 '오래된' 건축의 문제를 다루는데 있어서 수많은 오류를 몸소 체험하는 가운데 학생들은 오래 기억될 만한 노력과 그것들을 통한 또 다른 학습기회의 하나로서 졸업설계작품 작업에 임하였고, 이 책은 그것을 기록하고자 한다.

URBAN HYBRID
대립된 도시, 얽힘의 구축

A SUGGESTION OF NEW WAY OF ENTANGLEMENT TO CONNECT A PAST AND MODERN CITY

2012 Myongji University Graduation Work 〈1st Prize〉
Junsuk Lee STUDIO / LIM KIUNG

임기웅 | LIM KIUNG

Project Information
TYPE : Urban Design
Bukchonro 5–gil, Samcheong–dong,
SITE : Jongno–gu, Seoul, Korea
AREA : 4200㎡

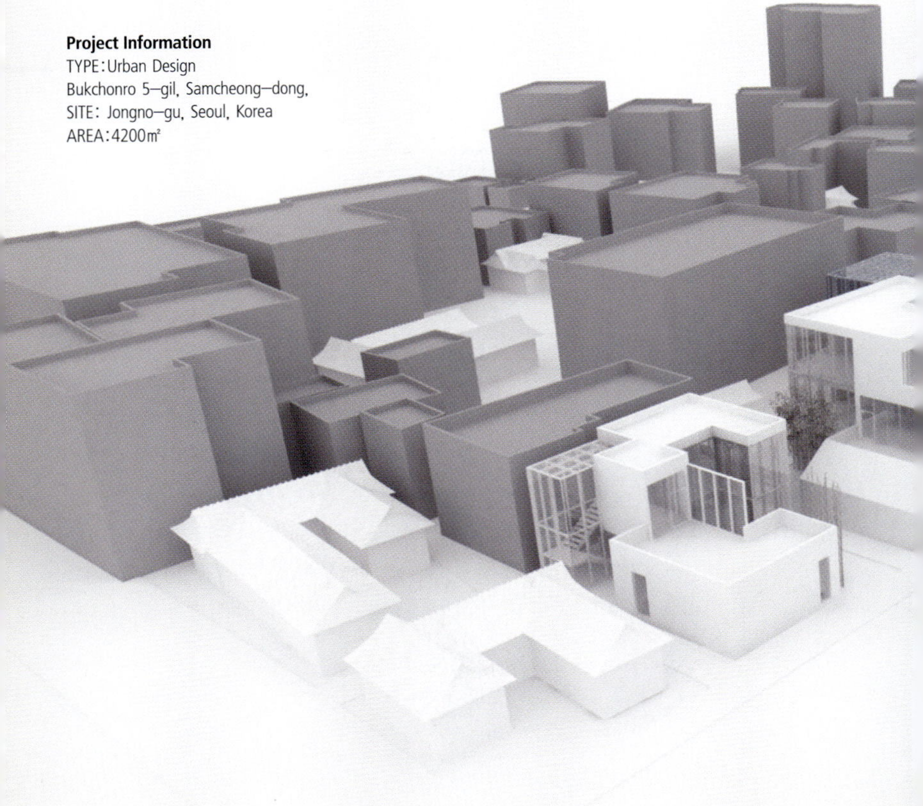

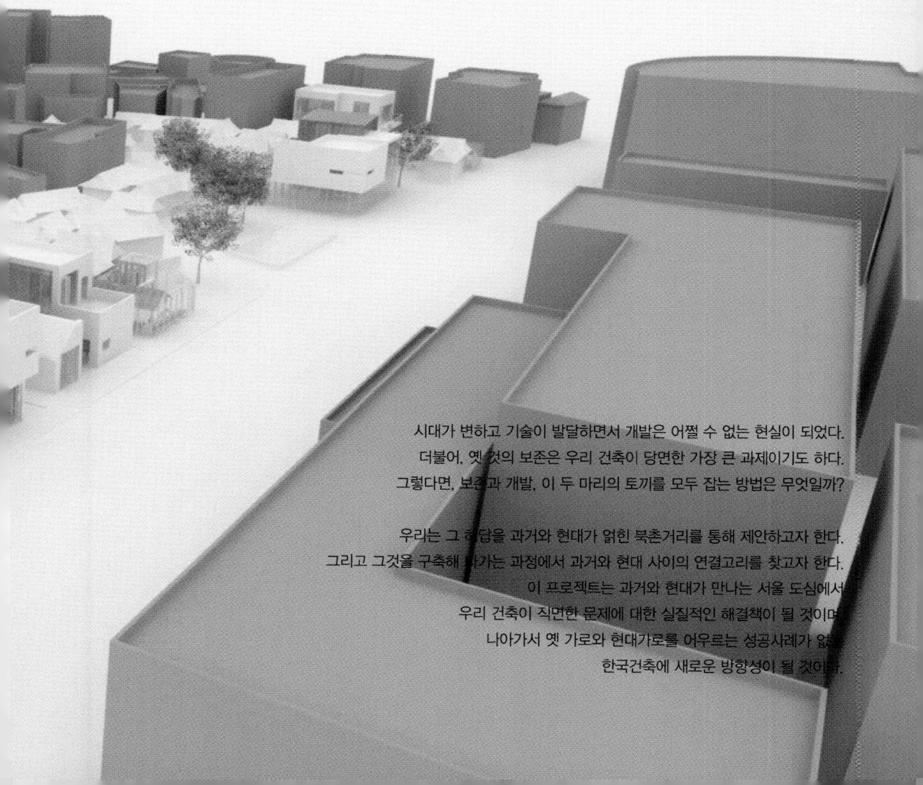

시대가 변하고 기술이 발달하면서 개발은 어쩔 수 없는 현실이 되었다.
더불어, 옛 것의 보존은 우리 건축이 당면한 가장 큰 과제이기도 하다.
그렇다면, 보존과 개발, 이 두 마리의 토끼를 모두 잡는 방법은 무엇일까?

우리는 그 해답을 과거와 현대가 얽힌 북촌거리를 통해 제안하고자 한다.
그리고 그것을 구축해 나가는 과정에서 과거와 현대 사이의 연결고리를 찾고자 한다.
이 프로젝트는 과거와 현대가 만나는 서울 도심에서
우리 건축이 직면한 문제에 대한 실질적인 해결책이 될 것이며
나아가서 옛 가로와 현대가로를 어우르는 성공사례가 없는
한국건축에 새로운 방향성이 될 것이다.

Confronted city, building of an entanglement

As time changes and technology getting better,
A development become an evitable reality.
At the same time, conservation of old things is the must confronting subject.
Then, between a conservation and reclamation
what is the best way to catch a two rabbit at once?

We want to suggest a solution about it through a Bukchon street
where the past and modern times are entangled.
And through a progress of solving,
We want to find a connection between past and modern.
This project will be a solution at the heart of Seoul
where the past and modern meets together.
And also be a direction of new way to mix a past street and modern street
which is not existed yet in Korea architecture.

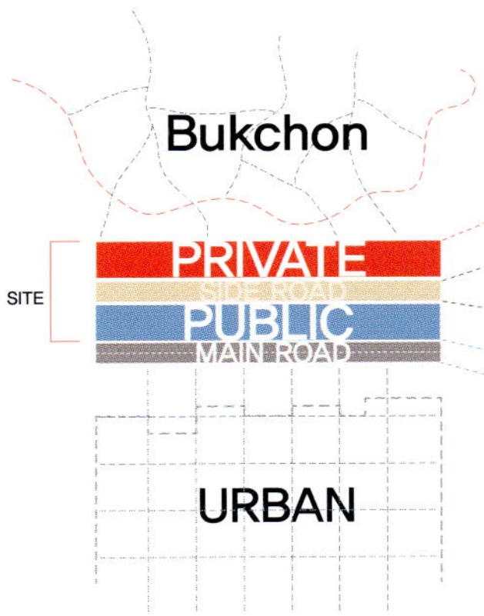

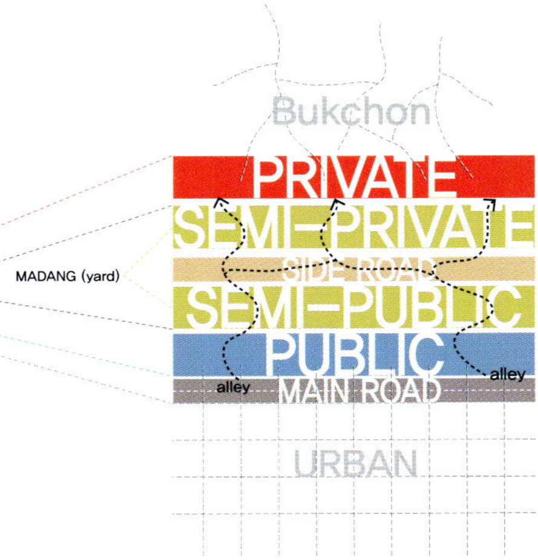

Condition of Site
사이트는 북촌로 5길을 경계로 서로 다른 두개의 맥락을 가지고 있다. 또한 도시와 북촌마을의 완충공간이며, public과 private을 연결짓는 사이길의 기능이 상실되었다.

Re-formation, alley & yard
사이트의 재구성은 상실된 사이길의 활성화를 통해 이루어진다. 활성화의 중요 키워드는 골목길과 마당이다.

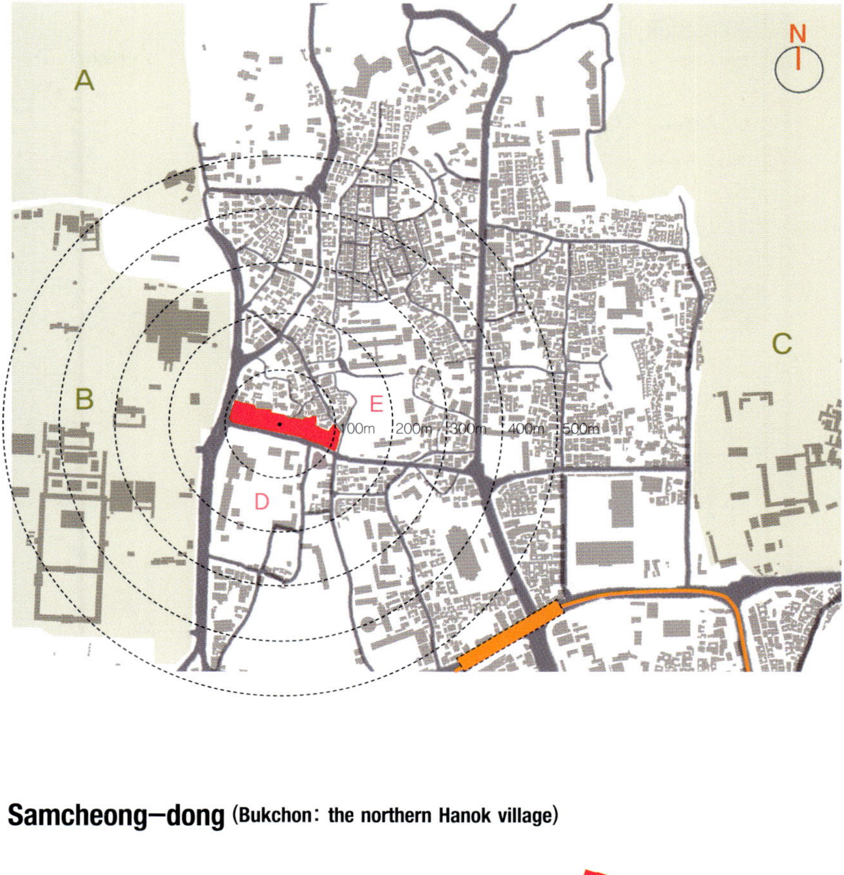

Samcheong–dong (Bukchon: the northern Hanok village)

A: Cheongwadae (The Blue House)

B: Gyeongbokgung (Royalpalace)

C: Changdeokgung (Palace)

D: National Art Museum

E: Jeongdok Library

SITE boundary

Subway Line 3 Anguk Station

Main Street

Figure & Ground

1F 2F 3F 4F 5F Building Height

Main Street

SITE AREA

Green Space

Hanok (Korean-style House)

Grain

Path

Distribution of Green space

Distribution of Hanok

Urban Image I

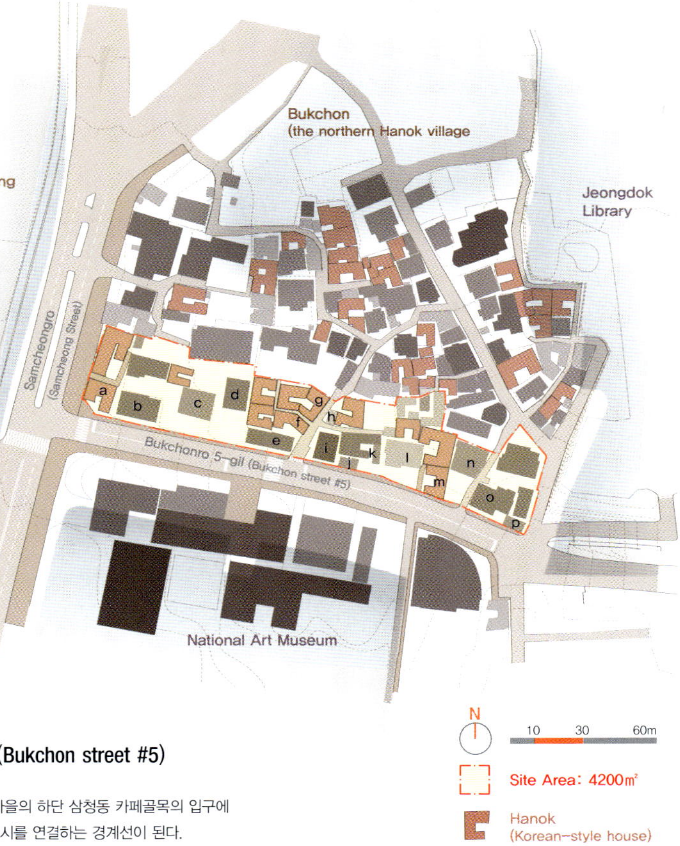

Bukchonro 5-gil (Bukchon street #5)

북촌로5길은 북촌 한옥마을의 하단 삼청동 카페골목의 입구에 해당하며, 북촌과 현대도시를 연결하는 경계선이 된다.
사이트로 유입되는 대부분의 동선이 보행중심의 동선이며,
이에 따라 휴먼스케일의 건물군과 골목위주의 지역이 형성되었음을 알 수 있다.
또한 인근에 위치한 청와대, 경복궁, 창덕궁, 서울국립미술관(구 기무사), 정독도서관 등 정부 주요시설의 위치 역시 무분별한 서울 개발에서 사이트의 현재모습을 유지할 수 있는 주요 요소가 되었다.

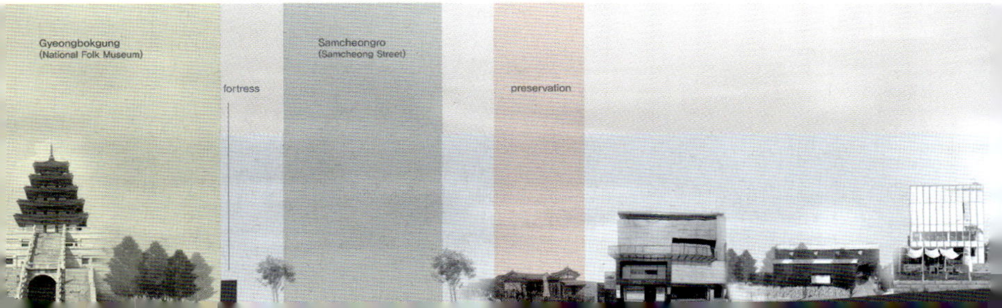

a. 노노(커피숍)

b. 빛갤러리

c. 북촌칼국수

d. 코코브루니(커피숍)

e. 에릭케제르(베이커리)

f. 고미술동연(갤러리)

g. 밥점(한정식)

h. 월정(수공예)

i. 세방빌딩(1F멀티샵)

j. 트렁크갤러리

k. 갤러리조선

l. 큰기와집(한정식)

m. 도도 별관(커피숍)

n. 도도 본관(커피숍)

o. 파리바게트,사보텐

p. 천수마트

Condition of Facade on Main Street

현재, 북촌로 5길 가로변의 건물들은 서로 어울리지 않는 각각의 파사드를 구성하고 있다.
북촌한옥의 유형 중 하나인 차도에 접한 도시형 한옥의 모습이 점차 사라지고 있으며,
북촌의 맥락과 관계 없는 입면들은 북촌의 고유성을 저해하는 요소가 되고 있다.
또한, 맞은편 대규모의 서울국립미술관에 대응하여 가로변의 재정비가 필요한 상황이며,
사이트는 삼청동의 얼굴과 같은 역할을 하고 있어 이 지역 스케일에 맞는 계획이 필요하다.

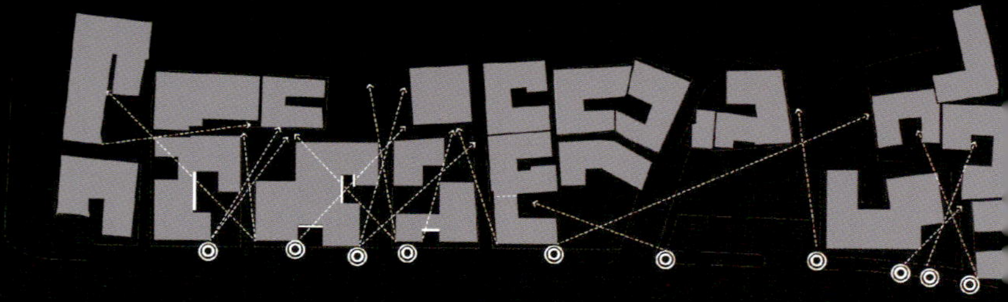

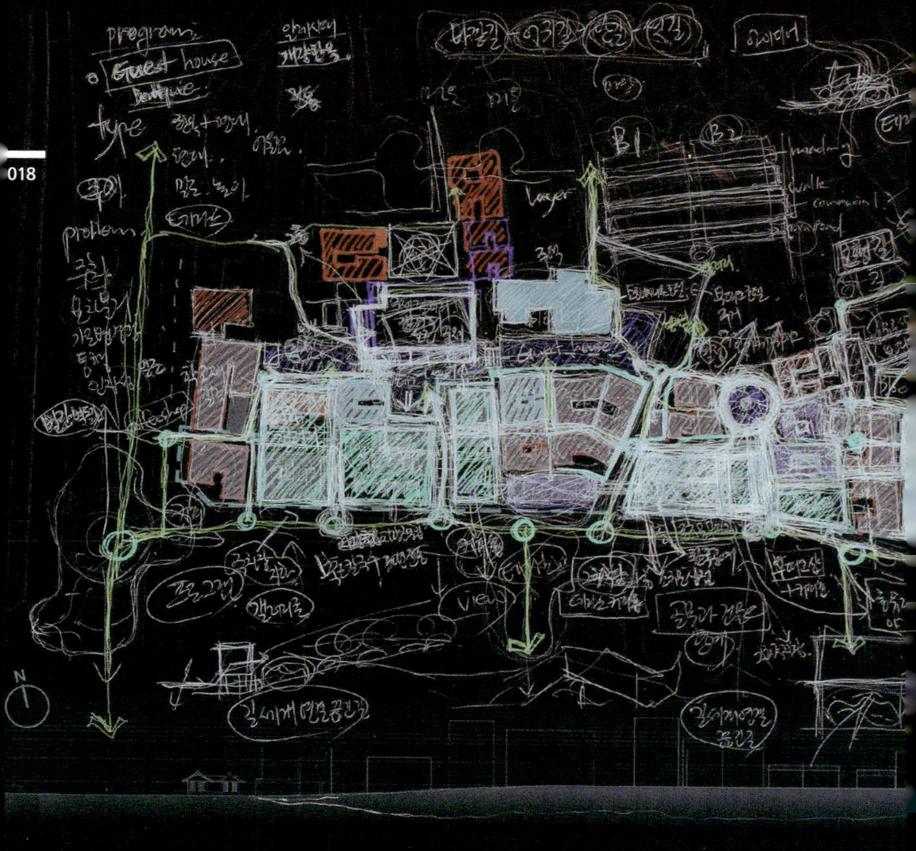
program
Guest house
type
problem
Layer
B1
B2
walk
view
N

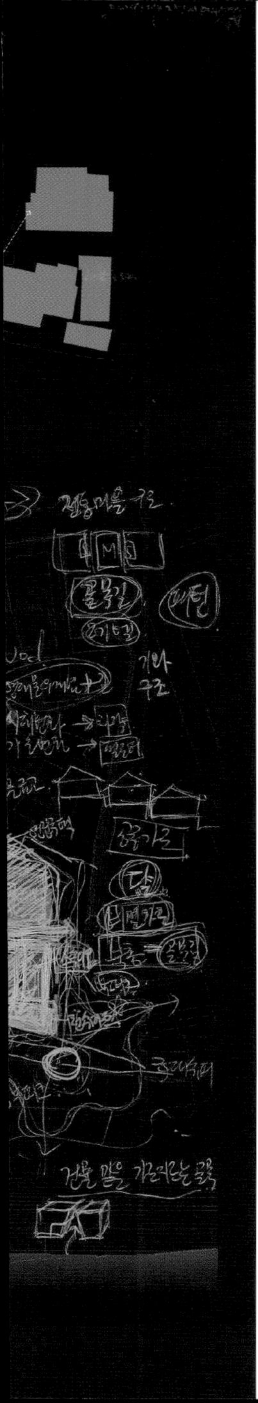

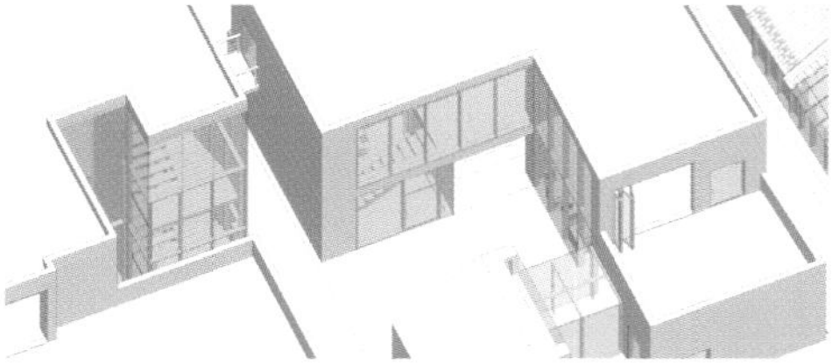

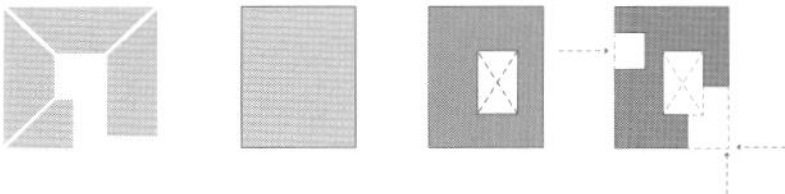

매스계획

전체적인 건물들의 매스계획은
기존 한옥이 가지고 있던 공간구조에 기반한다.
ㄱ, ㄴ, ㄷ 자의 형태적 구성뿐만 아니라
중첩되거나 중정을 두는 공간상의 구성을 따른다.

매스를 분절시키는 원리는
사이트 분석으로부터 얻어진 Node점으로부터
시선이 블럭 안쪽까지 뻗어 나갈 수 있도록 한다.
또한, 이 원칙하에 매스로 시선이 막히는 부분은
유리를 통해 열어준다.

경관의 중첩

경관의 중첩을 통해 여러가지의 건물이 혼재되어 있는 삼청동의 상황을 반영한다.
보행시선에서의 부분적인 open을 통해 뒷 건물의 일부를 보여주어 정보를 인식하게 한다.

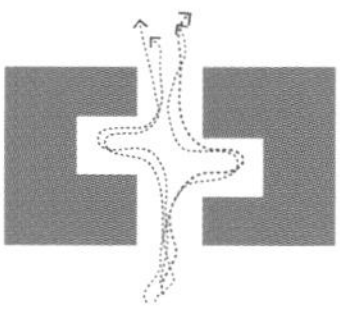

작은 마당

차도에서 안길로 연결되는 골목길 중간에 건물의 부분을 덜어내어 작은 마당을 형성한다.
좁은 골목길에서의 개방감과 건물 안팎의 작은 경관을 형성한다.

2F PLAN BLOCK A

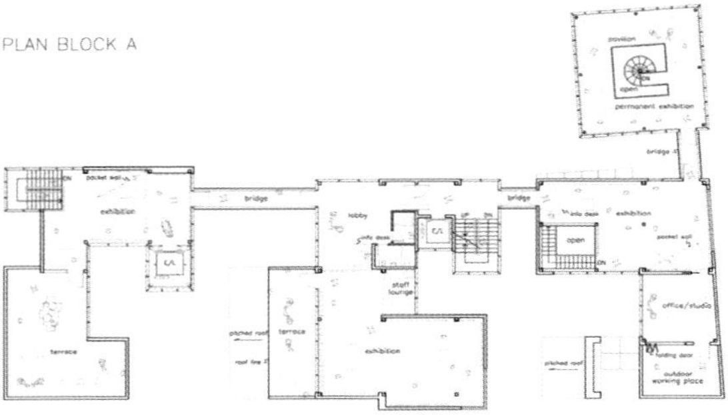

3F PLAN BLOCK A

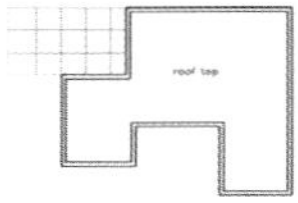

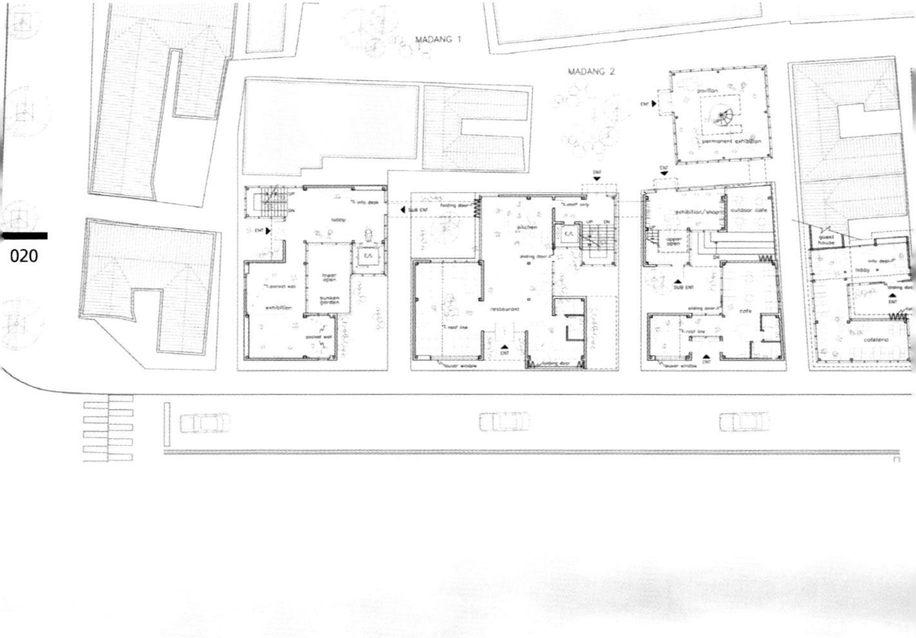

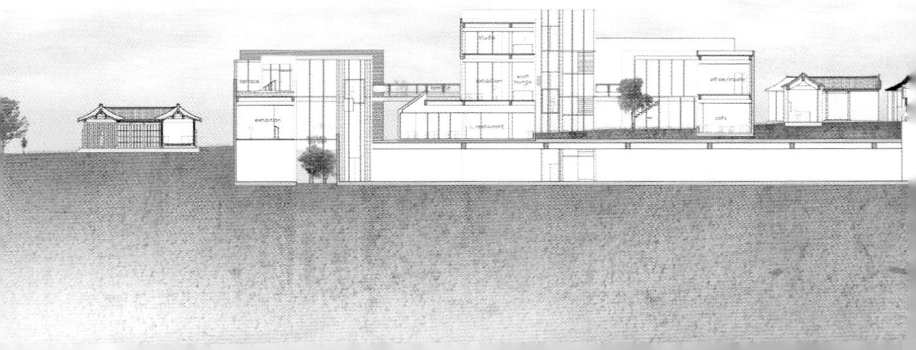

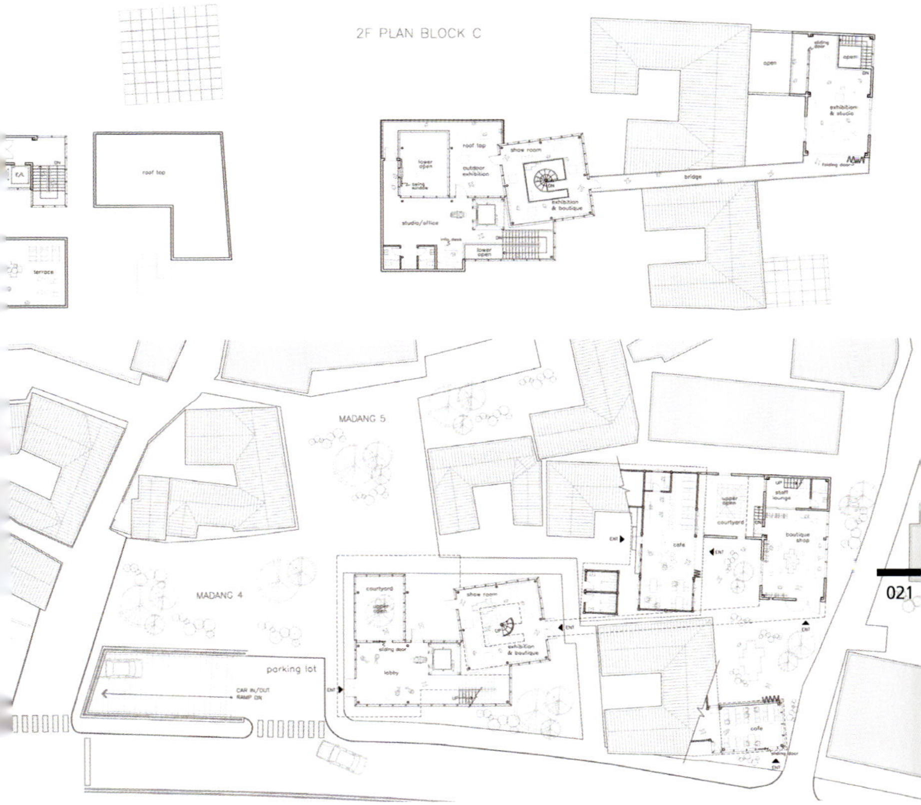

Arrangement & Floor Plan
Bukchonro 5-gil
(Bukchon street #5)

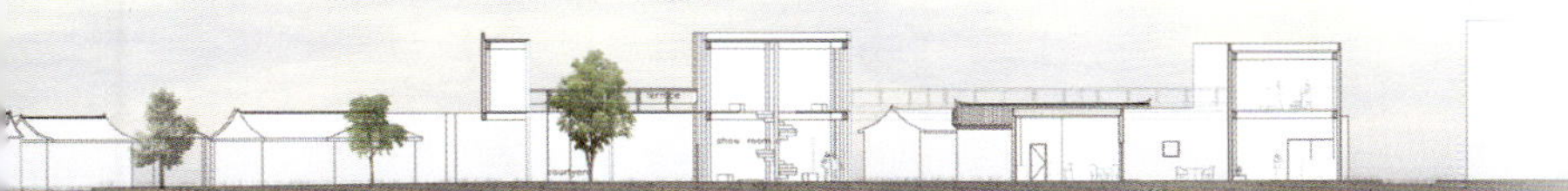

Section
View to the Bukchonro 5-gil
(Bukchon street #5)

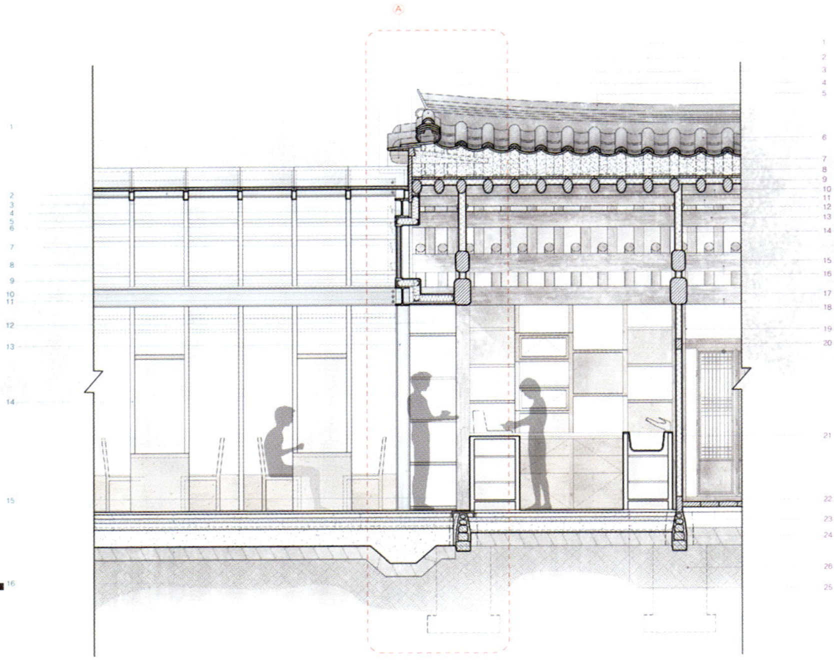

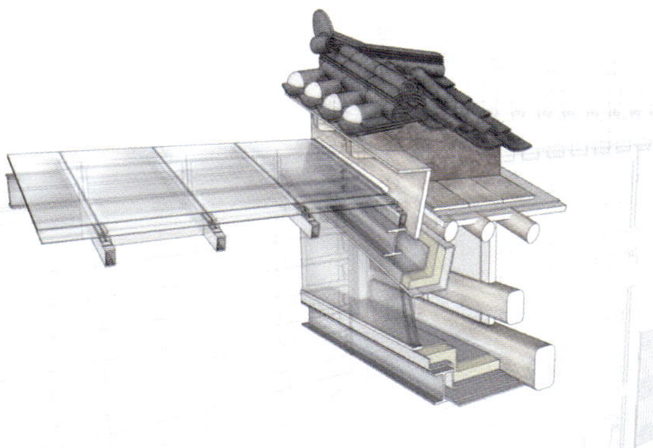

Connection

Past city + Modern city

By mixing both face of conservation and reclamation,
Buildings existed at a street have their own characteristic,
Suggesting a practical project about how can modern city becomes match with past city.

And it is rather suggesting a practical architectural plan and
design process than a suggesting simple master plan.
And become a responsible architect of its area.
So, to complete a detail between modern buildings and Korean style buildings.

existing part (한옥)

1 박공 THK30
2 부연
3 목기연연함 60X75
4 내림마루 적새3단쌓기
5 용마루 적새3단쌓기
6 한식기와 소와잇기
7 황토채우기
8 개판 THK25
9 외엮고회벽치기
10 연목(서까래) 0120
11 종도리 135X210
12 종도리장여 70X120
13 뜬창방 135X180
14 대공설치, 외엮고회벽치기
15 종량 150X240
16 중도리 135X210
17 대량 180X300
18 처마도리 135X210
19 각기둥 165X165
20 상인방 70X135
21 외엮고회벽치기
22 하인방 70X180
23 마루청판 THK60
24 초석
25 강회잡석다짐(기존한옥기초)
26 바닥마감재,단열재,
무근콘크리트,방수,잡석다짐

extension part

1 pair glass
2 steel pipe
3 steel member (girder)
4 steel member (beam)
5 steel tube (with insulation)
6 window frame
7 pair glass
8 steel louver
9 window frame
10 steel tube (with insulation)
11 steel member (beam)
12 finishing materials (gypsum board)
13 steel member (column)
14 window frame
15 steel cover (separate materials)
16 finishing materials, insulation,
concrete, waterproofing, foundation

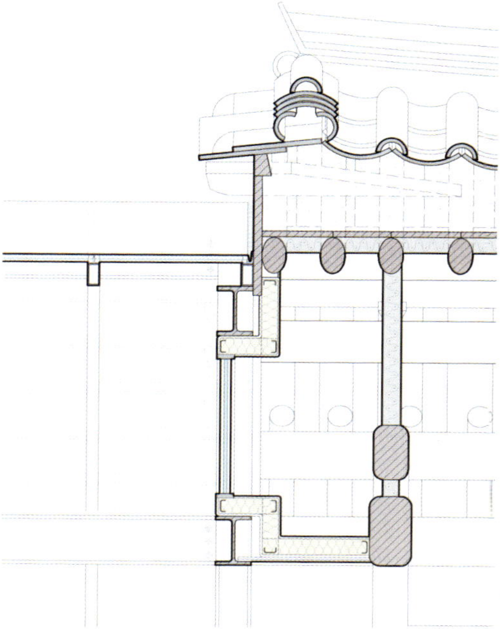

Detail Section
Joint assembly of Roof Structure

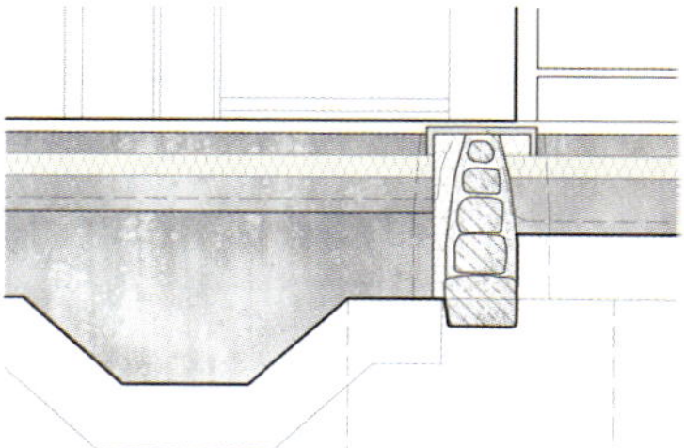

Detail Section
Joint assembly of foundation

접합

옛 도시 + 현대도시

보존과 개발의 양면성을 적절히 융화하면서
가로에 접한 작은 건물들의 군집이 각각의 개성을 지니며,
어떻게 옛 도시와 현대도시가 어울릴 수 있는지에 대한 실질적인 프로젝트를 제안한다.

그리고 단순히 마스터플랜의 차원을 넘어서 계획지역 내의 책임 건축가가 되어 실현가능한 수준의
건축계획과 디자인 프로세스, 한옥과 현대건물의 접합디테일을 완성하는 것에 그 목적을 둔다.

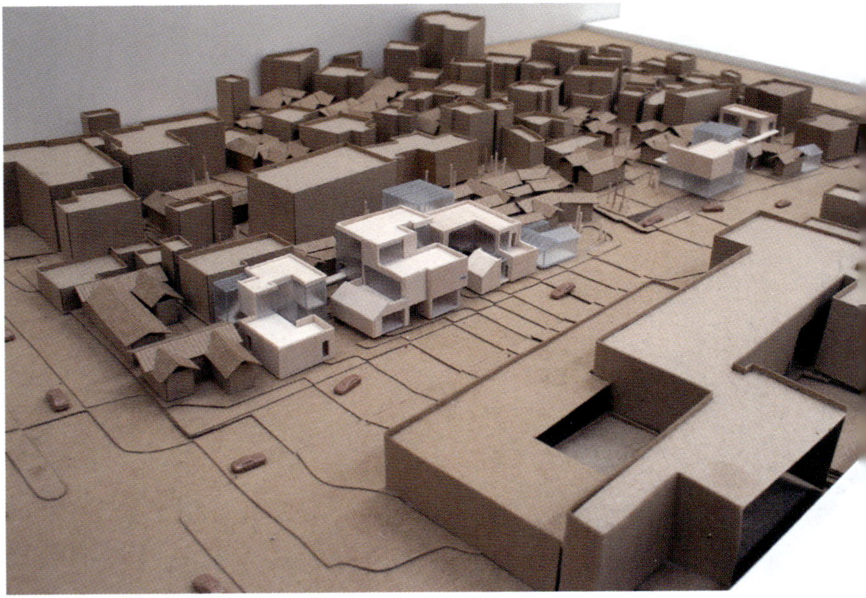

Arrangement Model

Bukchonro 5-gil
(Bukchon street #5)

Section Model

Bukchonro 5-gil
Block A

Detail Section Model

Scale 1/20
Joint assembly of Roof Structure
Foundation

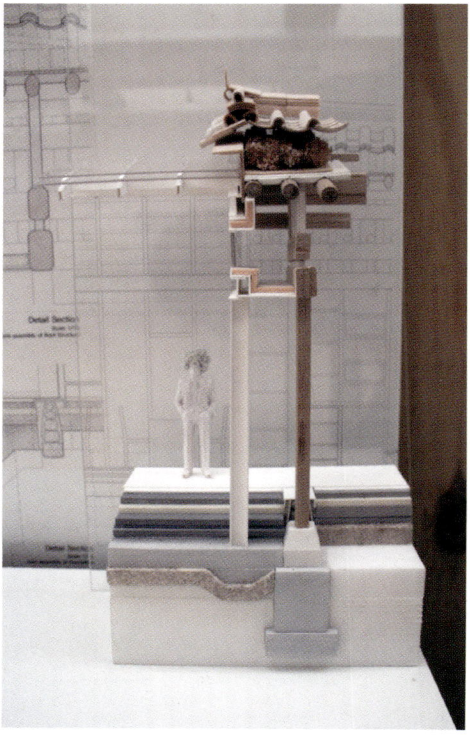

NEW SUGGESTION OF OUR PUBLIC OFFICE

백승화 | Beck Seunghwa

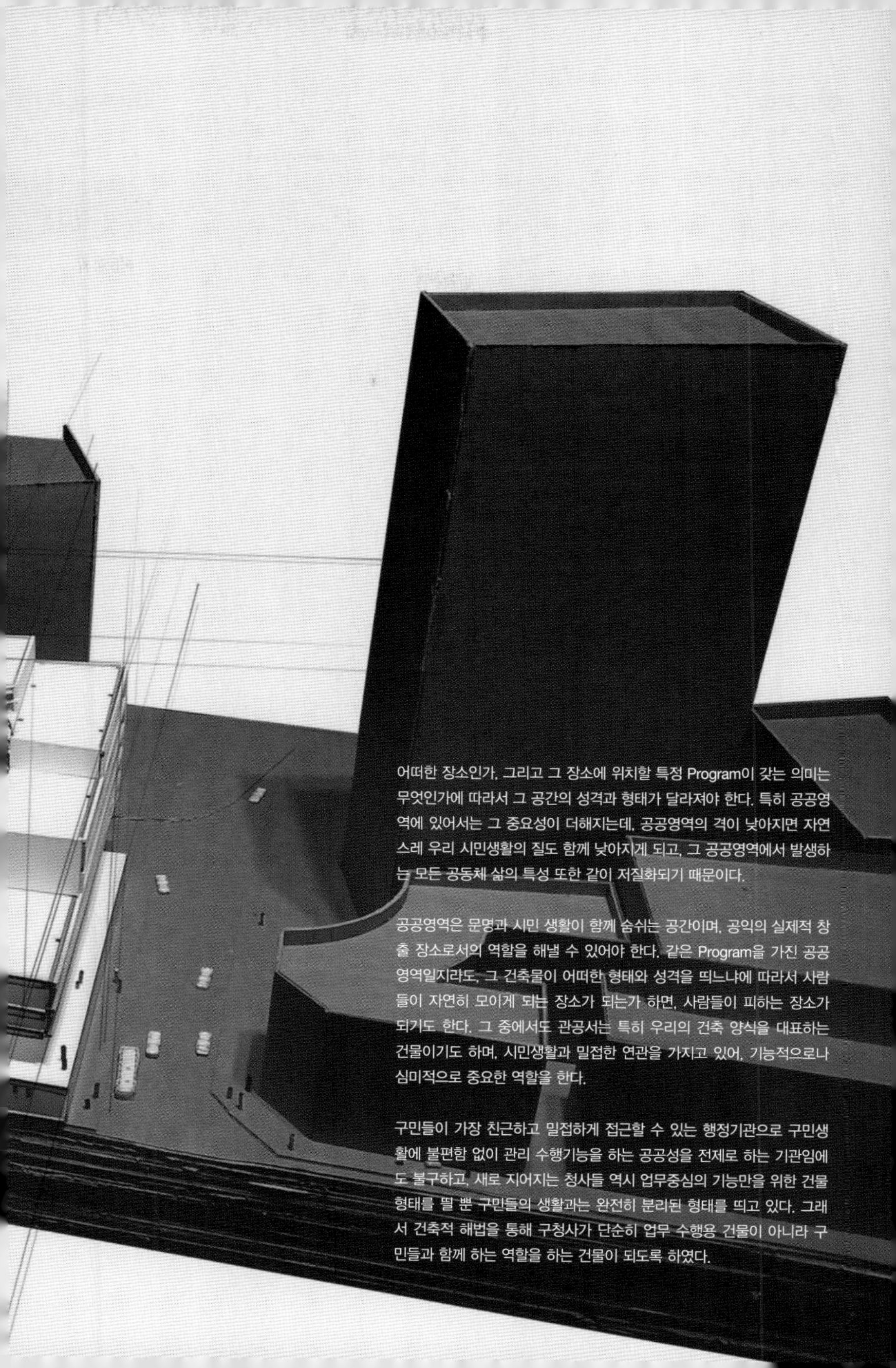

어떠한 장소인가, 그리고 그 장소에 위치할 특정 Program이 갖는 의미는 무엇인가에 따라서 그 공간의 성격과 형태가 달라져야 한다. 특히 공공영역에 있어서는 그 중요성이 더해지는데, 공공영역의 격이 낮아지면 자연스레 우리 시민생활의 질도 함께 낮아지게 되고, 그 공공영역에서 발생하는 모든 공동체 삶의 특성 또한 같이 저질화되기 때문이다.

공공영역은 문명과 시민 생활이 함께 숨쉬는 공간이며, 공익의 실제적 창출 장소로서의 역할을 해낼 수 있어야 한다. 같은 Program을 가진 공공영역일지라도, 그 건축물이 어떠한 형태와 성격을 띠느냐에 따라서 사람들이 자연히 모이게 되는 장소가 되는가 하면, 사람들이 피하는 장소가 되기도 한다. 그 중에서도 관공서는 특히 우리의 건축 양식을 대표하는 건물이기도 하며, 시민생활과 밀접한 연관을 가지고 있어, 기능적으로나 심미적으로 중요한 역할을 한다.

구민들이 가장 친근하고 밀접하게 접근할 수 있는 행정기관으로 구민생활에 불편함 없이 관리 수행기능을 하는 공공성을 전제로 하는 기관임에도 불구하고, 새로 지어지는 청사들 역시 업무중심의 기능만을 위한 건물형태를 띨 뿐 구민들의 생활과는 완전히 분리된 형태를 띠고 있다. 그래서 건축적 해법을 통해 구청사가 단순히 업무 수행용 건물이 아니라 구민들과 함께 하는 역할을 하는 건물이 되도록 하였다.

Site Info

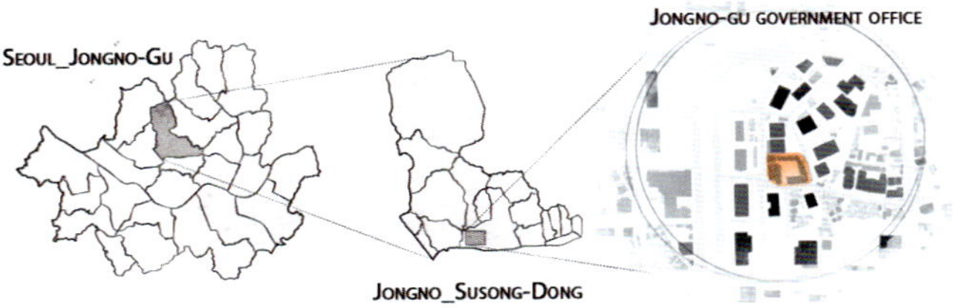

Cultural & Hist

1394

조선건국
종로형성
도시의 중심공간

1898

전차운행
서울시민
대중교통

Iconic Image

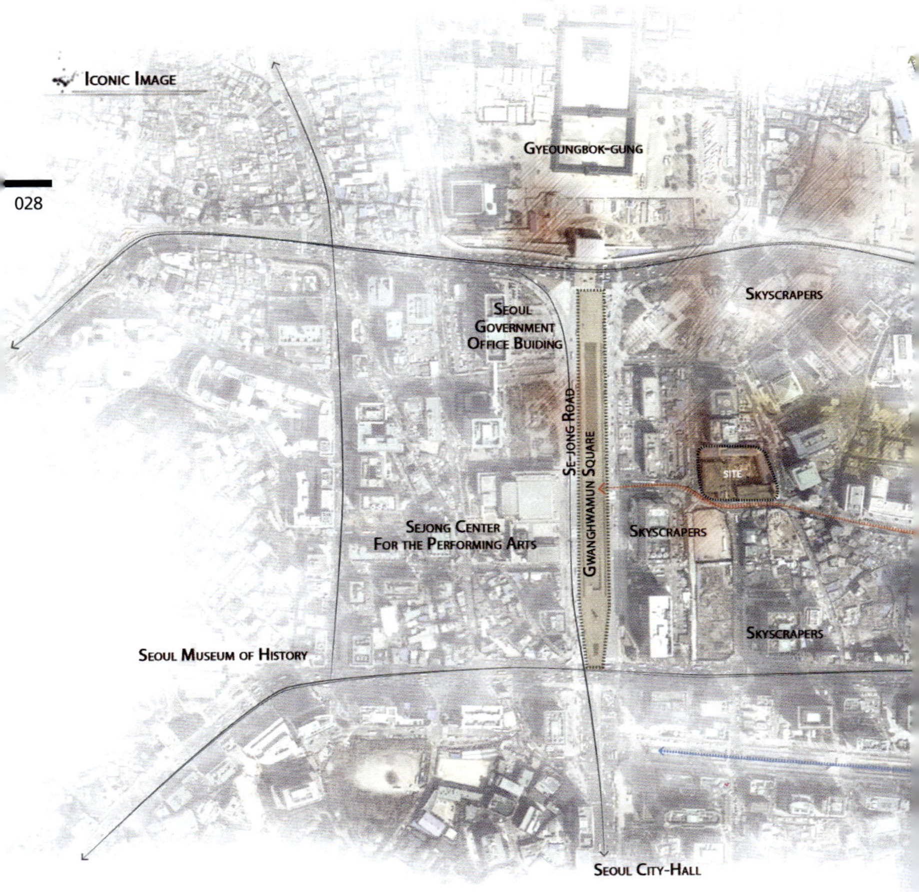

EXT

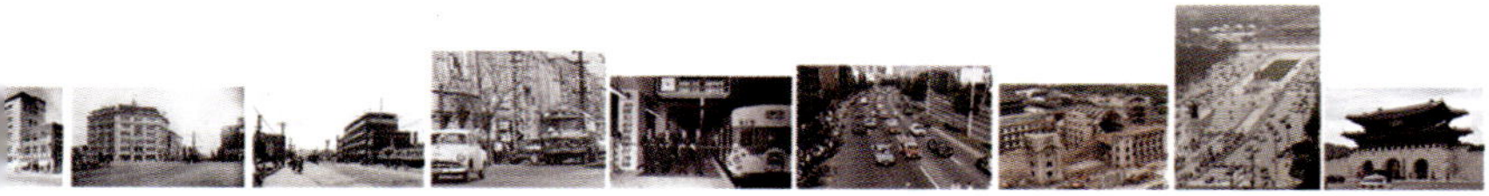

	1932	1936	1968	1974	1984	1995	2009	2010
는	동아백화점 신축 (상업의 중심지)	서울지역 대폭 확장, 가로망 증가 (폭 12m 이상 가로 36개)	교통의 흐름을 저해하는 이유로 전차 철거	지하철 1호선 개통	가로명 확정 서울시내에서 가장 많은 도로 통과지역	조선총독부건물 철거	광화문광장 개방	광화문 복원

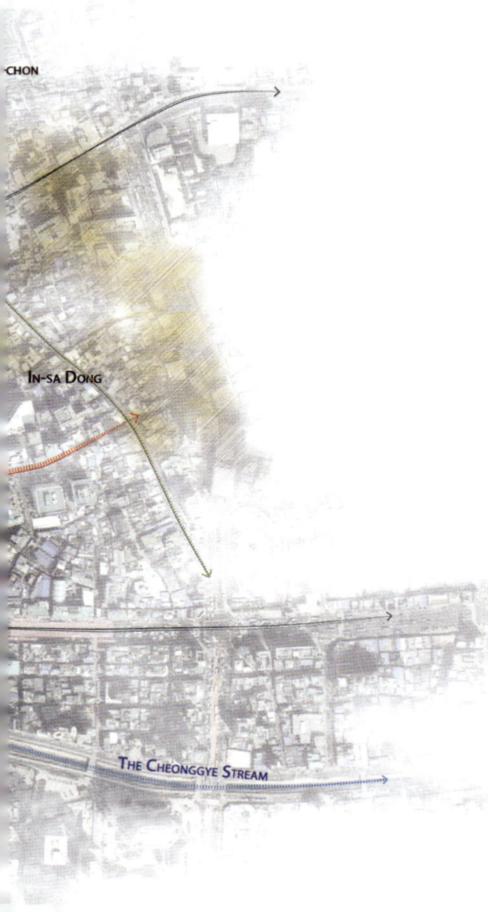

SEJONG-NO

국토의 1번지인 세종로의 지난 100년은 한국 현대사의 수난사이자 변천사였다. 그리고 숱한 우여곡절의 시련과 역경 속에서 제 모습을 되찾으며 새로이 변모해온 진화사이기도 하다. 이런 가운데 닫힌 공간은 열린 공간으로, 차량의 거리는 사람의 거리로 탈바꿈하며 문화와 여유가 숨쉬는 시민의 마당으로 다시 태어나려는 꿈틀거림이 현실화되고 있다.

종로는 옛부터 우리나라 수도의 중심으로서의 역할을 해온 지역으로, 정부시설, 상업, 문화의 중심 역할을 이어가고 있는 곳이다.

때문에 앞으로 한국의 초현대 건축이 나아가야 할 방향을 새롭게 제시하는 본 프로젝트가 종로에 들어서는 것은 역사, 문화적으로 중요한 의미를 갖는다.

또한 종로에 위치한 대사관과 서울 관광지의 중심으로 자리잡은 광화문 광장, 경복궁과 더불어 내국인, 외국인 관광객들에게 본 프로젝트가 랜드마크로서 거듭날 수 있다.

Massing Study

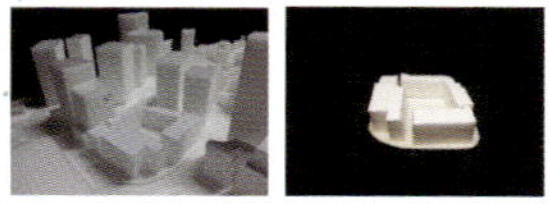
〈 기존 종로구청의 형태와 부피 〉

〈 개방형 광장을 고려한 스터디 〉
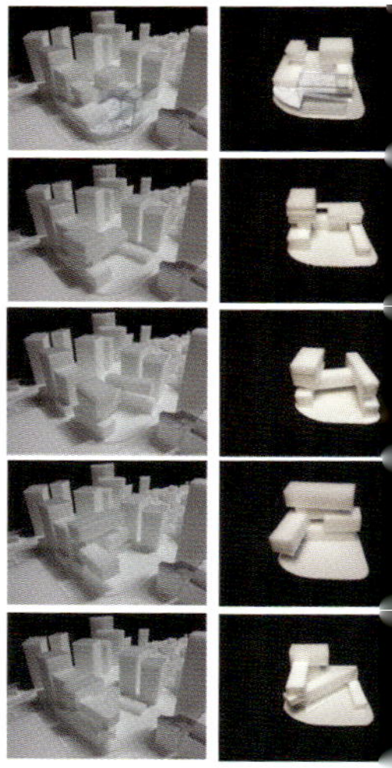

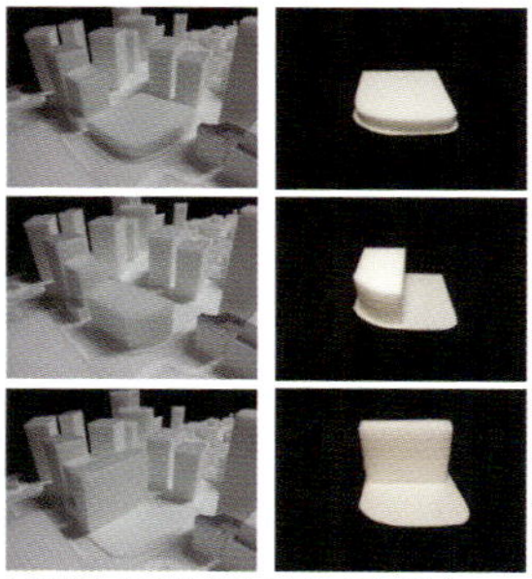
〈 체적을 검토해 보기 위한 모형작업 〉

대상지는 정면성이라는 점에서 큰 특징을 지니고 있는데, 북측으로 바로 옆 건물에 접해있는 면을 제외하고 삼면이 갖는 정면성이 모두 다르다는 점이다.
특히 광화문광장에서 바라보게 되는 정면성과 인사동에서 넘어오면서 바라보게 되는 정면성에서는 주변 건물들의 스케일이 확연하게 차이가 나기 때문에 건물 매스 표현에 있어서도 다르게 표현해야 한다.

Site Perspective

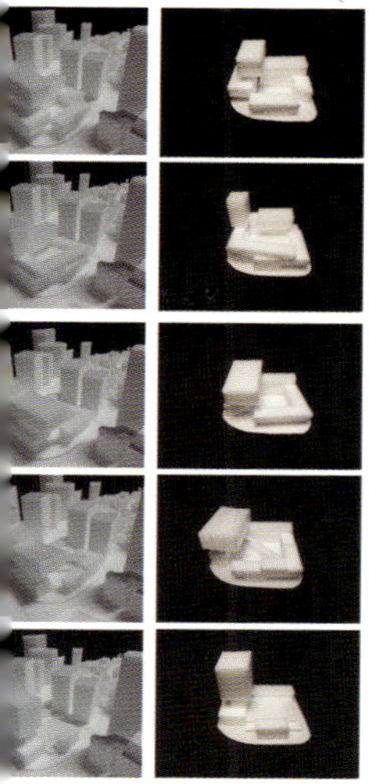

〈 위요하는 광장을 고려한 스터디 〉

MASSING PROCESS

주변 도시 질서에 맞추어 매스의 바깥 부분은 반듯하게 각진 형태가 되도록 하고, 내부는 광장에서 편안한 정취를 느낄 수 있도록 자유로운 형태가 될 수 있도록 매스를 구상하였다.

곡선을 사용하기에 앞서 내부 공간의 효율(사용 폭, 채광 등)을 검토하고, 건물 전체의 틀을 잡기 위해 정리된 각진 형태로 먼저 구상하고, 그 틀을 기준으로 광장을 둘러싼 내부 입면의 곡선을 조성하였다.

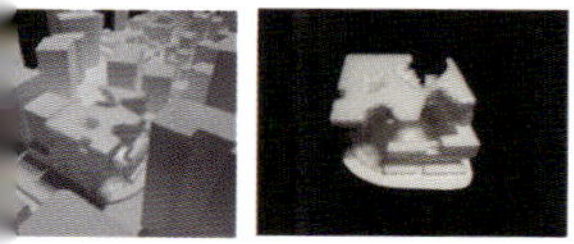

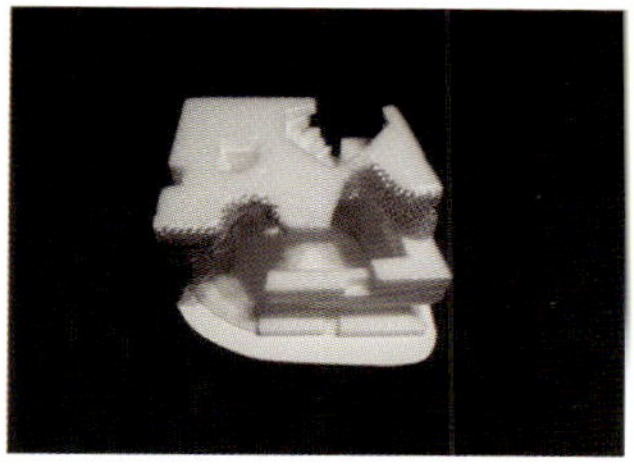

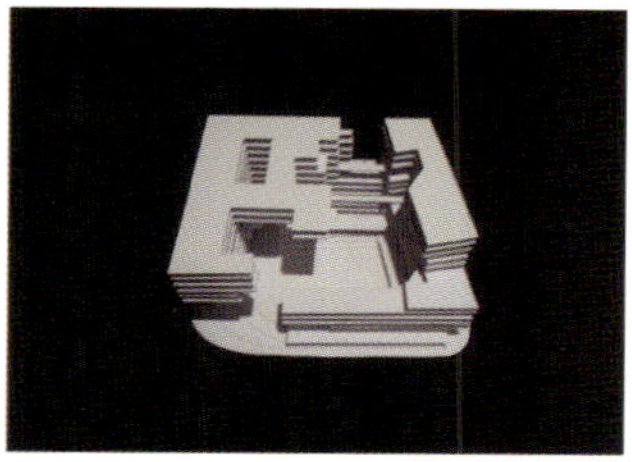

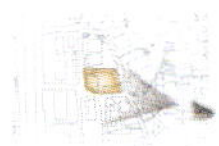

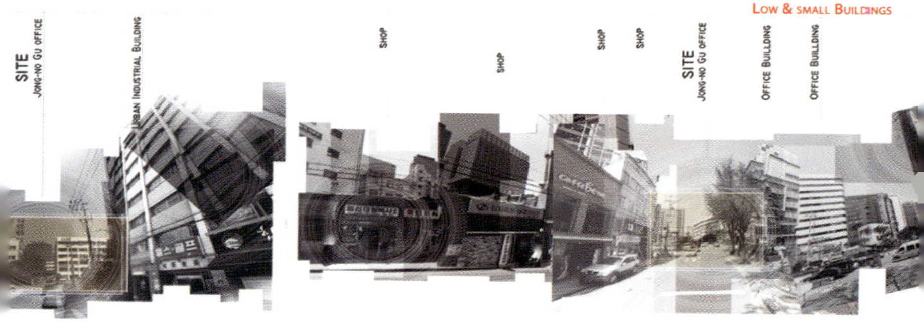

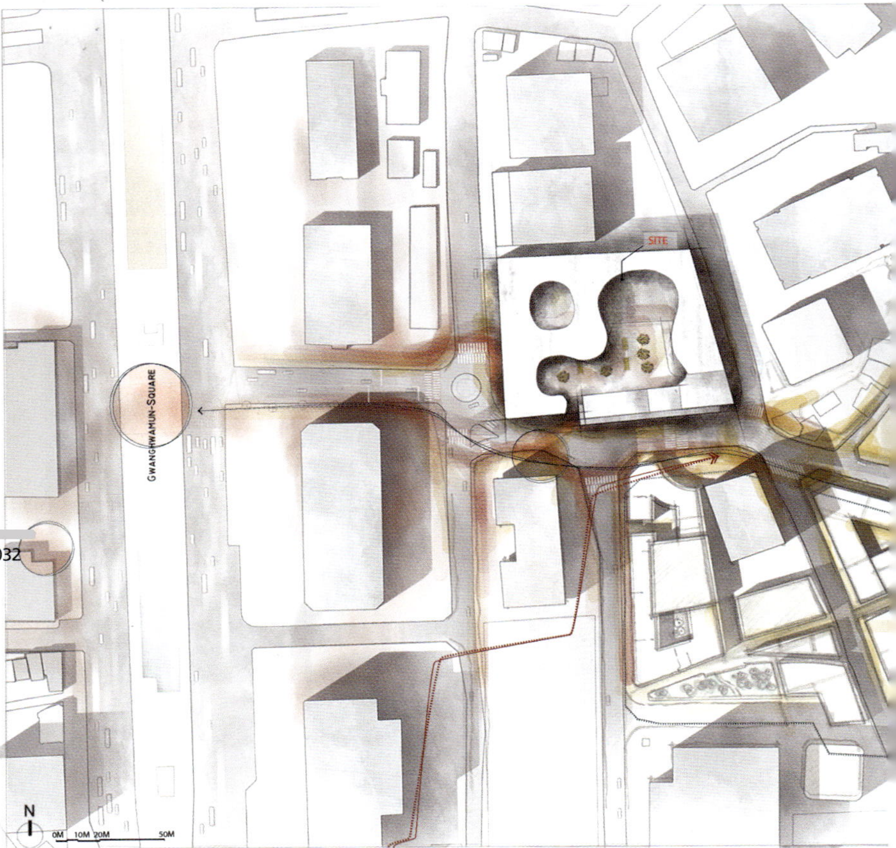

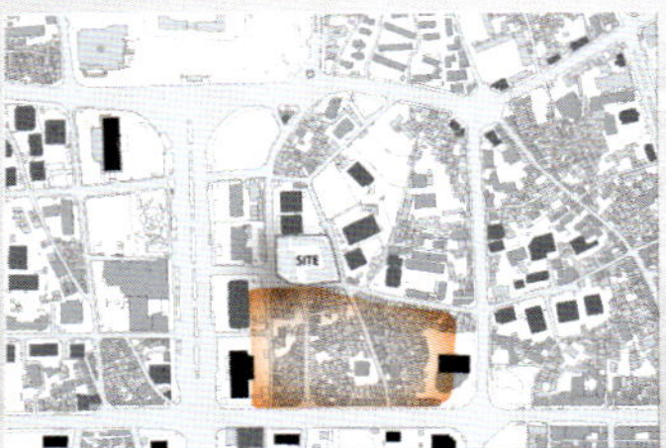

· 2000년대 세종로 부근의 건물밀도

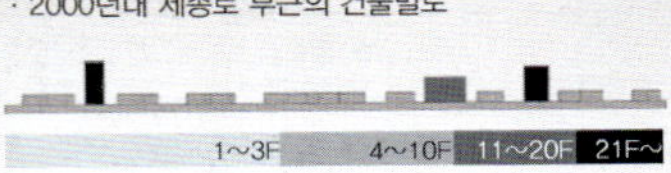

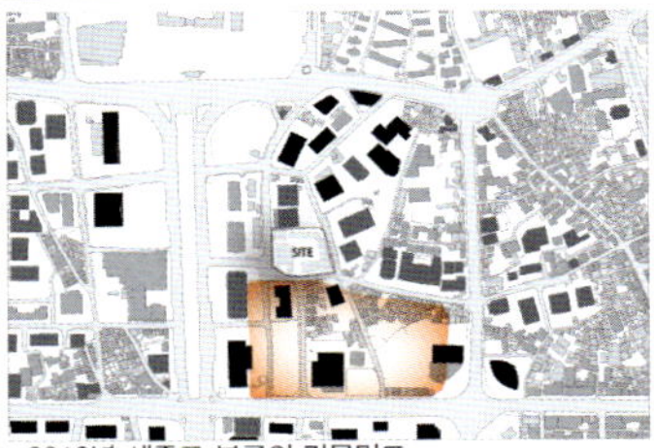

· 2013년 세종로 부근의 건물밀도

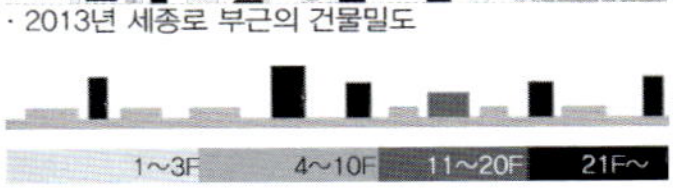

· 2020년 세종로 부근

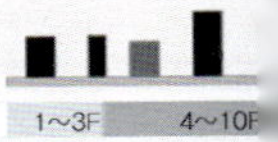

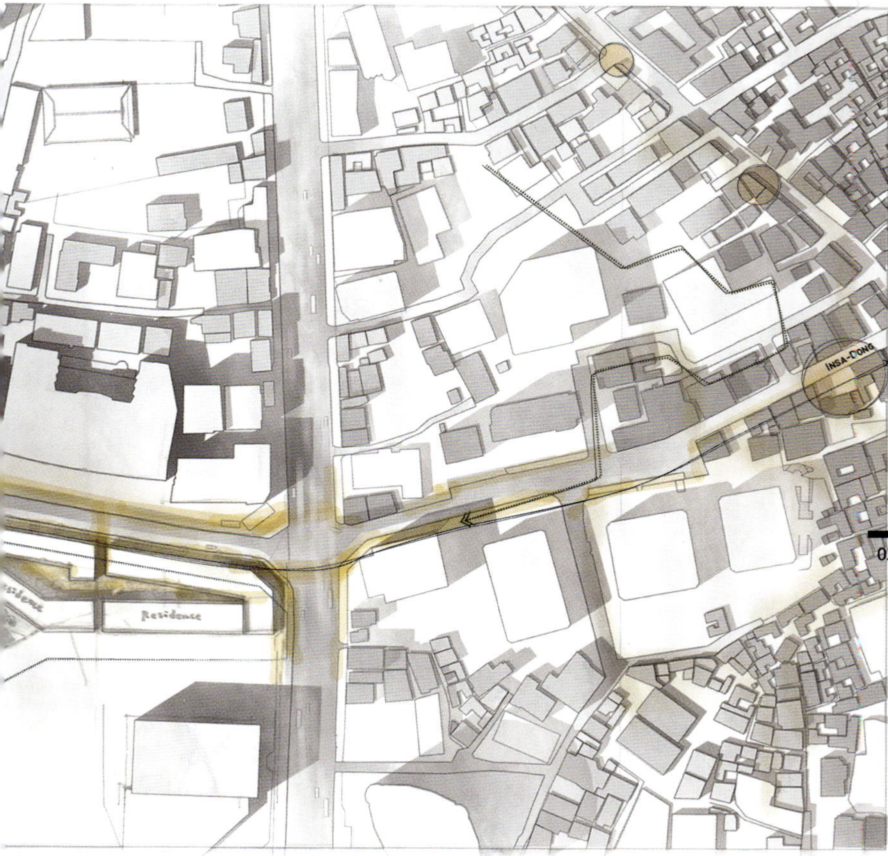

1. 세종로 거리 주변으로 기존에 오래된 소규모 건물들이 개발로 인해 점점 없어지고 대규모 빌딩들이 들어서고 있는 추세이다. 현재 대상지 주변에도 소규모 건물들이 남아 있지만 머지않아 그 건물들도 무분별한 개발로 인해 없어지고, 대규모 고층빌딩들이 들어서면서 우리 도시 역사의 흔적들을 모두 지워버리게 될 것이다.

광화문거리의 고층 빌딩들과 인사동 주변의 저층건물들 사이를 연결하는 가로에 위치한 부분을 차후 높은 빌딩이 들어서게 될 것을 예상하여 중층형 Master Plan을 새롭게 계획함으로써 이 지역 도시경관이 자연스럽게 연결될 수 있도록 하고, 보행자 중심의 거리로 이어질 수 있도록 한다.

2. 광화문 광장과 인사동을 연결하는 가로를 하나의 축으로 보았을 때, 광화문 거리 주변으로 작은 건물들이 사라져가고 크고 높은 빌딩들이 들어서는 반면에 인사동은 아직 소규모 건물군이 남아 있어, 본 대상지는 그 두 가지의 성격을 연결하는 접점에 위치해 있다.

따라서 본 대상지에 위치할 종로구청은 광화문광장에서 바라본 정면성과 인사동에서 걸어오면서 바라보게 되는 정면성을 달리하였다.

21F~

〈광화문광장 쪽에서 바라본 모습〉

〈정면에서 바라본 모습〉

〈인사동쪽 거리에서 바라본 모습〉

Massing

Structure Planning

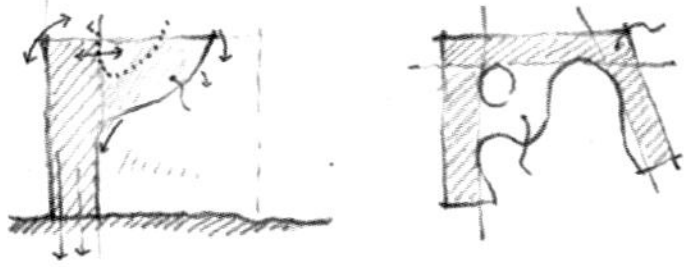

Space

Section · Scale 1/700

내부 입면을 곡면으로 구성함으로써 옛부터 곡선의 아름다움 속에 살아가고 있는 우리의 전통적 정서를 맞추면서 외부와는 완전히 다른 자유로운 세계를 나타내고자 하였다.

Detail Sketch

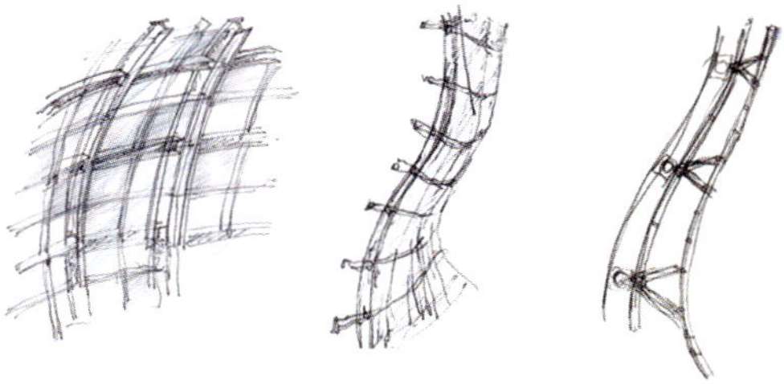

SPACE

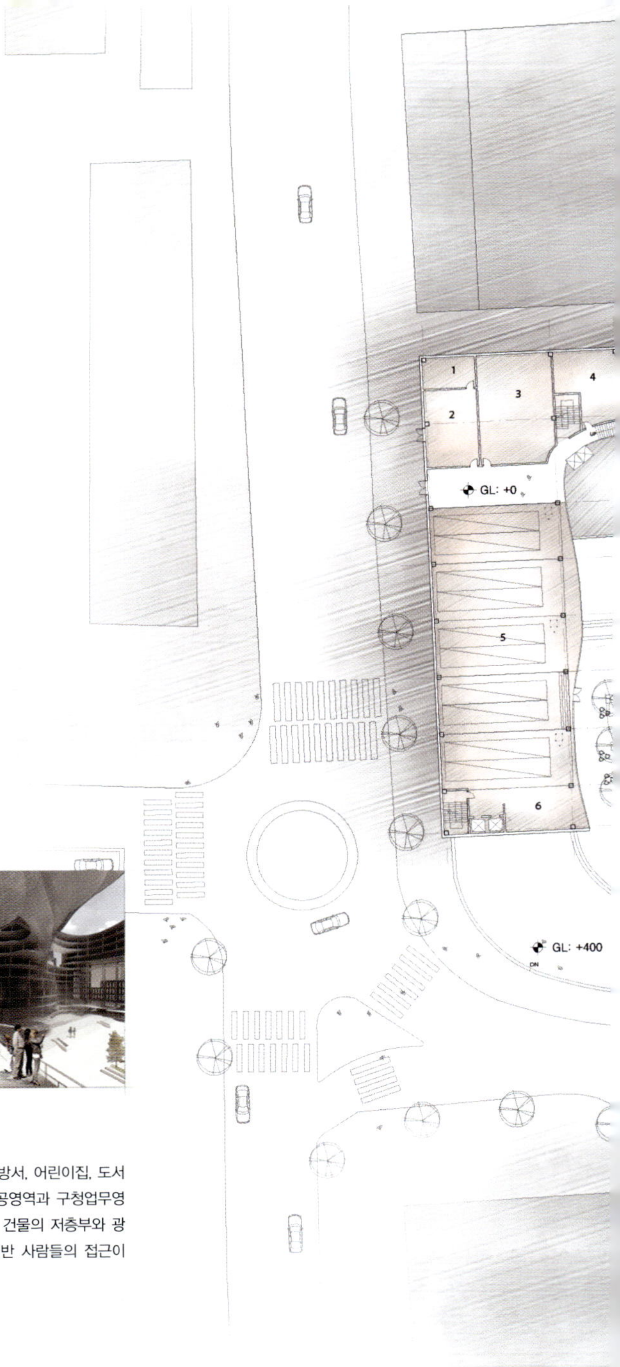

PLAN

광장을 둘러싸고 있는 종로 구청은 소방서, 어린이집, 도서관, 민원실, 식당, 소상점 등 크게 공공영역과 구청업무영역, 소방서영역으로 구성되어 있는데, 건물의 저층부와 광장 주변으로 공공영역을 구성하여 일반 사람들의 접근이 편하도록 조성하였다.

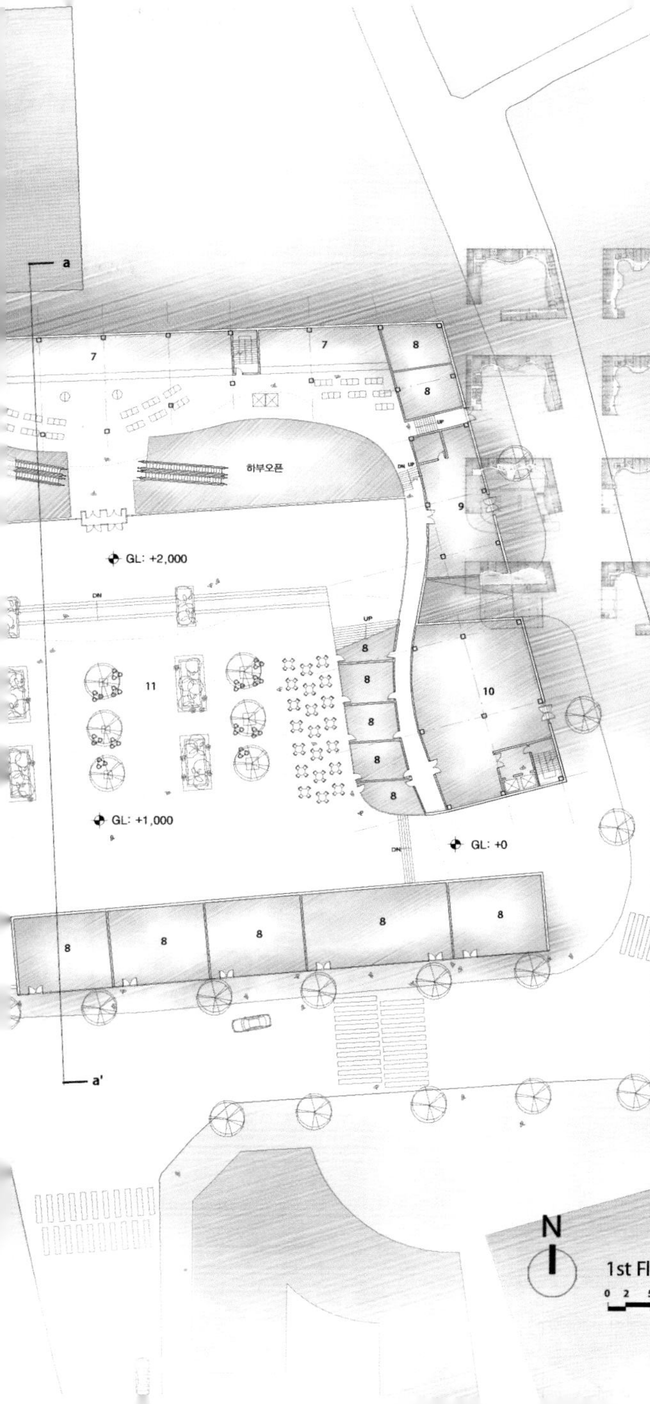

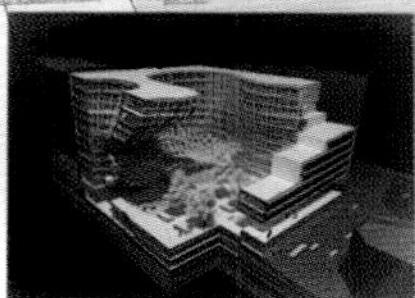

1. 파출소장실
2. 직할파출소
3. 구급대기실
4. 직할사무실
5. 소방차고
6. 창고
7. 민원실
8. 상점
9. 은행
10. 도서관
11. 광장

1st Floor Plan Scale 1/700

0 2 5 10 20m

DETAIL SECTION (PART A)
SCALE 1/60

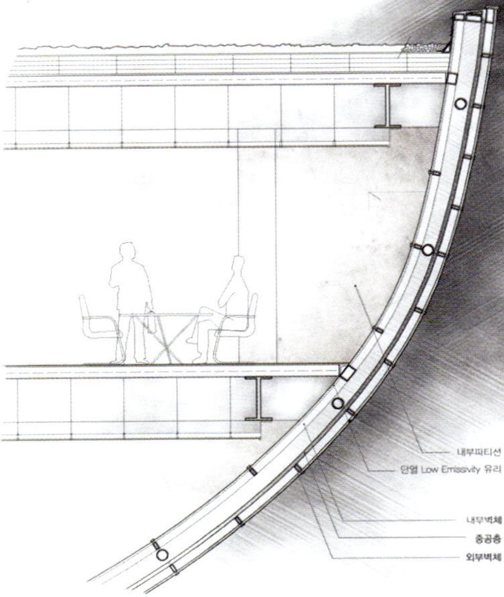

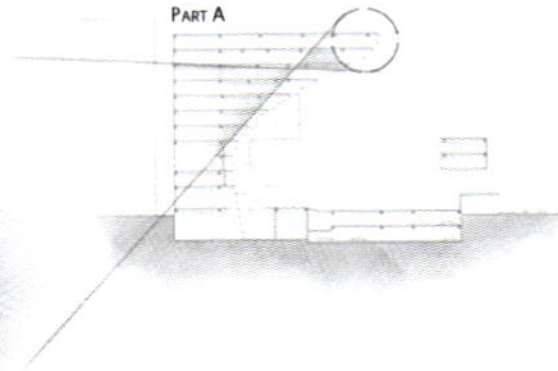

DETAIL PLAN (PART B)
SCALE 1/60

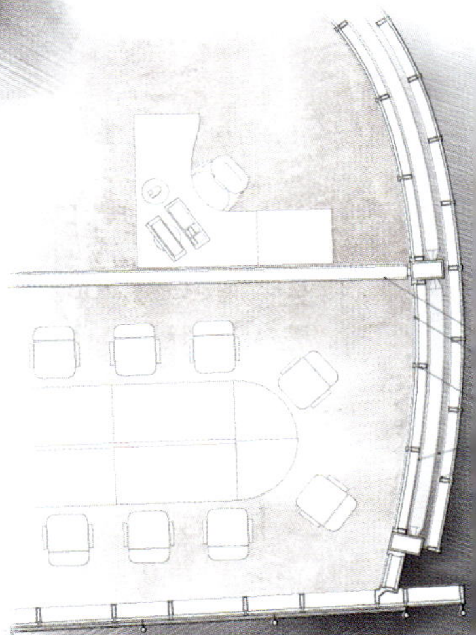

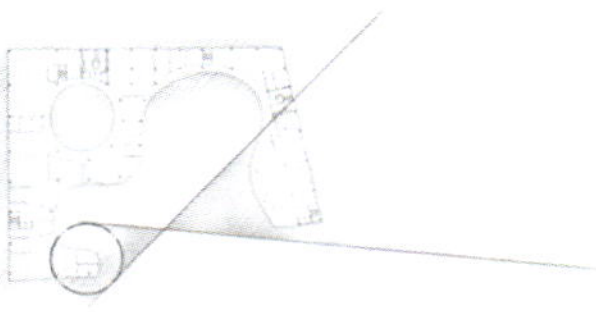

EXTERIOR DESIGN

전체적인 형태를 디자인 함에 있어서 외부는 주변 도시 건물들의 직각으로 짜여진 맥락에 맞추어 정직하게 하고 건물이 감싸고 있는 내부는 그와 반대로 완전히 이질적인 형태를 띄게 하여 사람들에게 색다른 공간 경험을 할 수 있도록 하였다.
재료를 다르게 하고, 음푹 파인 디테일을 디자인 하여 직선적인 외부 입면과 곡선을 띈 내부 입면을 완전히 분리된 객채로 인식하도록 하였다.

부분적으로 불투명한 재질의 유리를
섞어서 적당한 차양의 효과를 준다.

DETAIL MODEL

SCALE 1 / 40

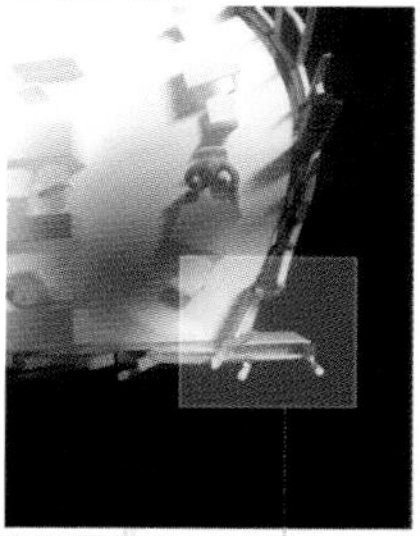

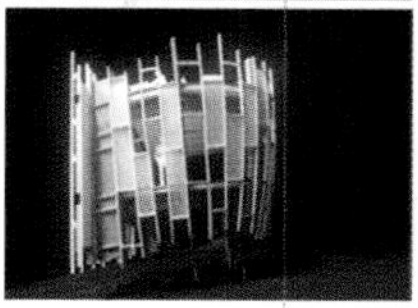

직선입면과 곡선입면이 만나는 부분의
음푹 파인 홈이 두 객체를 분리되어
보이게 하는 효과를 준다.

시선
w Emissivity 유리

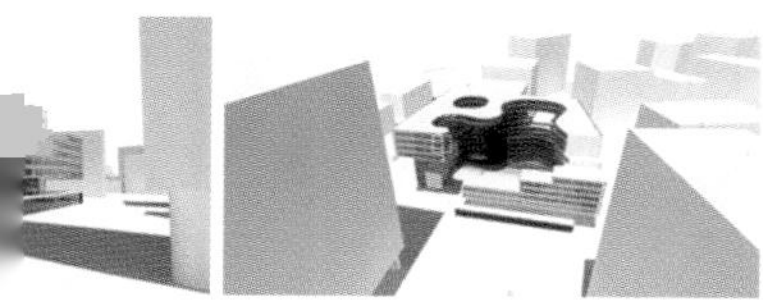

ELEVATION SCALE 1/700

대상지 주변은 모두 네모 반듯한 정형화된 빌딩들로 이루어져 있다. 때문에 도시경관을 고려해서 건물의 외관은 질서정연한 모습이 되도록 하였다.
하지만 밋밋하지 않도록 건물 외피 디자인을 함에 있어서 여러 겹의 레이어를 통해 외피에 두께감을 다르게 하면서 전체적인 이미지는 주변 건물과 같은 맥락을 이어가되 너무 무거워 보이지 않고 세련된 디자인이 되도록 하였다.

DETAIL MODEL SCALE 1 / 40

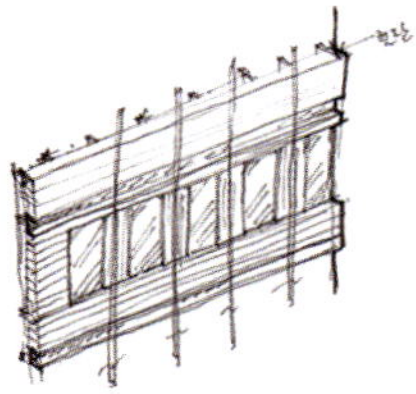

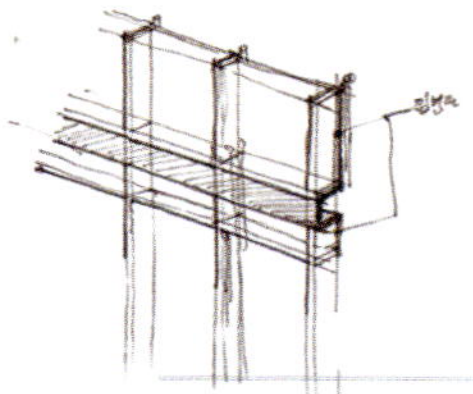

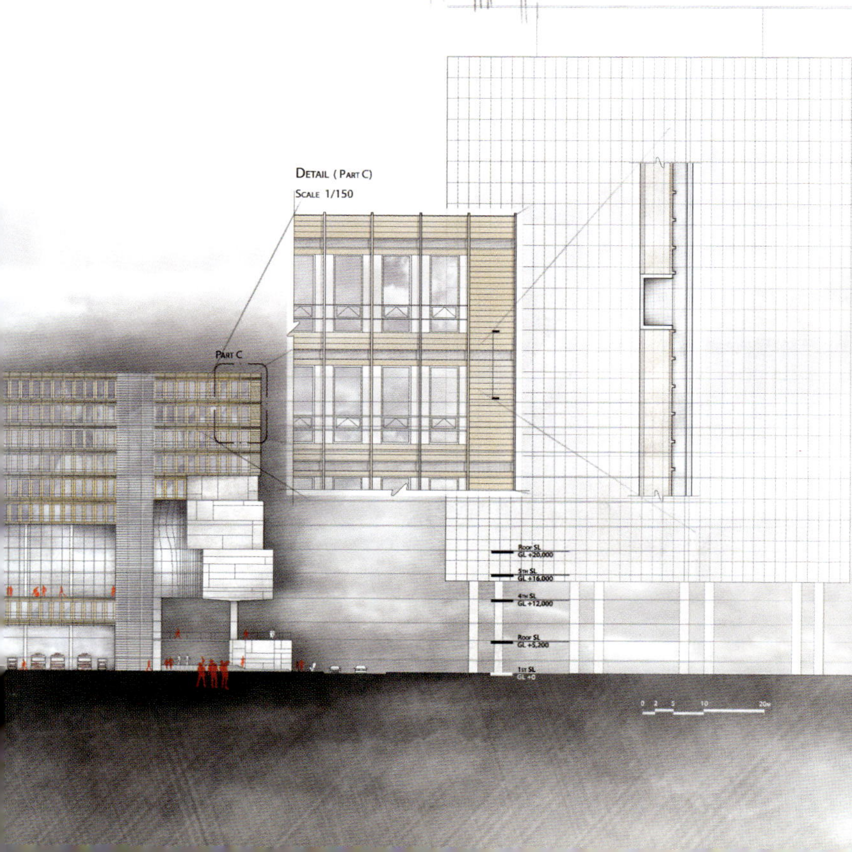

〈 오피스 복도에서 광장을 내려다본 모습 〉

PERSPECTIVE VIEWS

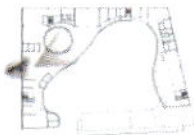

〈 캔틸레버로 돌출된 부분 〉

ARCHITECTURAL PROMENADE IN MODERN HISTORY MUSEUME

삼각산 현대사 박물관을 통한 강북구 활성화 계획안

고광영 | Ko, Raul

기억으로의 산책

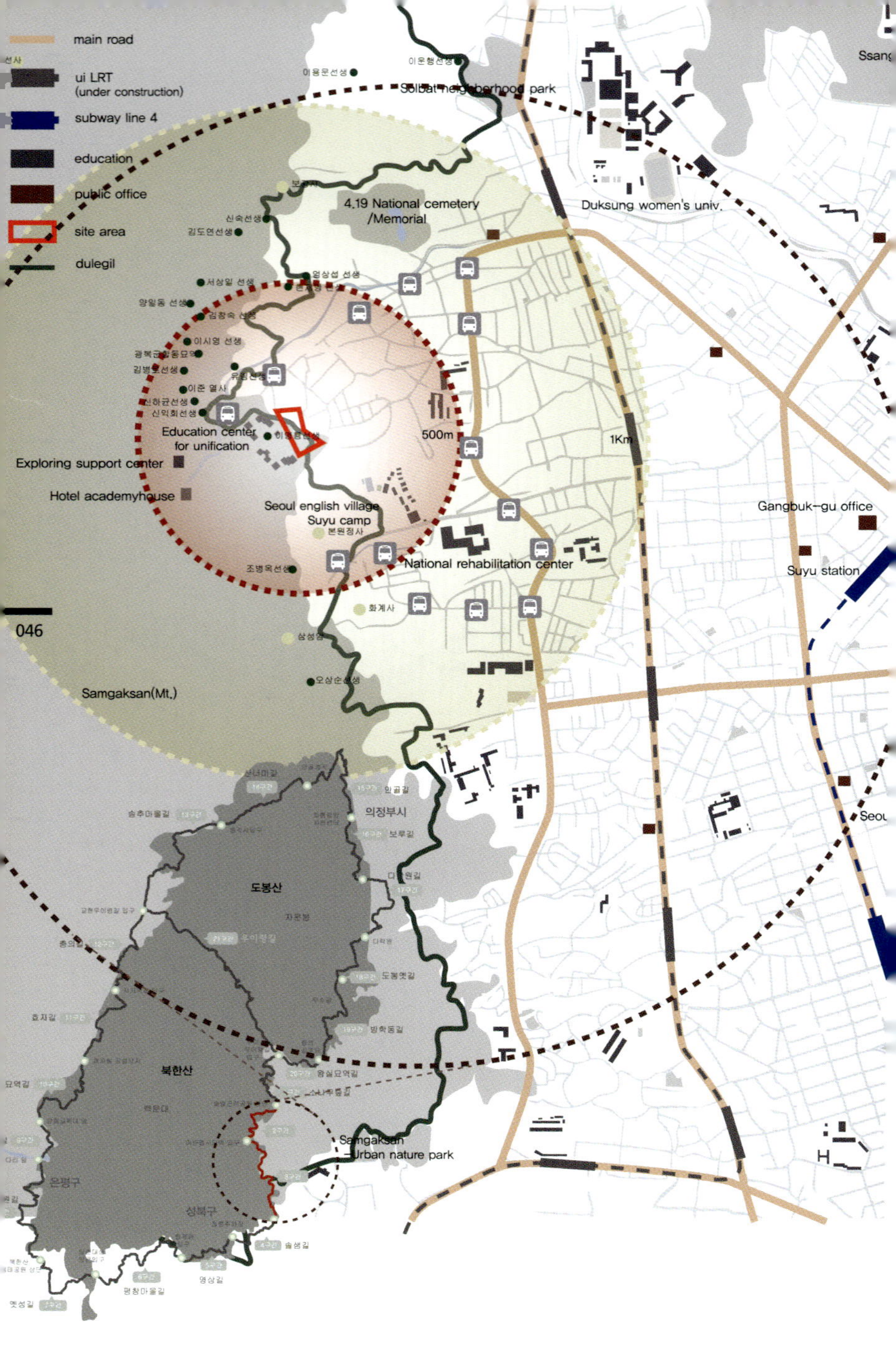

main road
ui LRT
(under construction)
subway line 4
education
public office
site area
dulegil
Solbat neighborhood park
4.19 National cemetery
/Memorial
Duksung women's univ.
Ssang
이운행선생
이용문선생
보광사
신숙선생
김도연선생
엄상섭 선생
서상일 선생
양일동 선생
김창숙 선생
이시영 선생
광복군합동묘역
김병로선생
유림선생
이준 열사
신하균선생
신익희선생
이종영선생
Education center
for unification
Exploring support center
Hotel academyhouse
500m
1Km
Seoul english village
Suyu camp
본원정사
조병옥선생
National rehabilitation center
Gangbuk-gu office
Suyu station
화계사
삼성암
오상순선생
Samgaksan(Mt.)
의정부시
도봉산
북한산
온평구
성북구
Samgaksan
Urban nature park
Seou

삼각산은 산을 찾는 사람들이 보이는 자연을 아낄 수 있게 함과 동시에 보이지 않는 자연의 역사, 그 속에 묻힌 한국의 근현대사가 있다. 삼각산, 대지를 가로지르는 둘레길은 정상을 향하는 길들로 이뤄진다.

북한산 둘레길은 13개 구간에 44km. 우이동 우이령길에서 시작해 수유동~정릉~평창동~은평뉴타운~북한산성~경기도 양주 교현리를 거쳐 다시 우이령길로 이어진다. 둘레길은 산허리를 따라 어슬렁어슬렁 뒷짐지고 한 바퀴 도는 길이다. 콸콸 쏟아지는 계곡 물소리, 새소리, 바람소리가 들리는가 하면 금세 밭두렁 길이 나오고 아파트 뒷길도 있다. 아이들 재잘대는 소리가 멀어지면 호젓한 숲길과 흙길, 나무계단이 이어지기도 한다. 그리고 곧바로 자연과 하나가 된다.

국립공원관리공단에 따르면 북한산 둘레길 탐방객은 9월에 60만 명, 10월에 57만 명 등 모두 117만 명으로 집계됐다. 또 평일에는 평균 1만 명, 주말에는 평균 4만 명 정도 찾는 것으로 조사됐다. 둘레길 13개 구간(44㎞) 중 사이트와 연계되는 순례길(19만 명)과 흰구름길(11만 명)은 가장 인기가 많은 코스 중 하나이다.

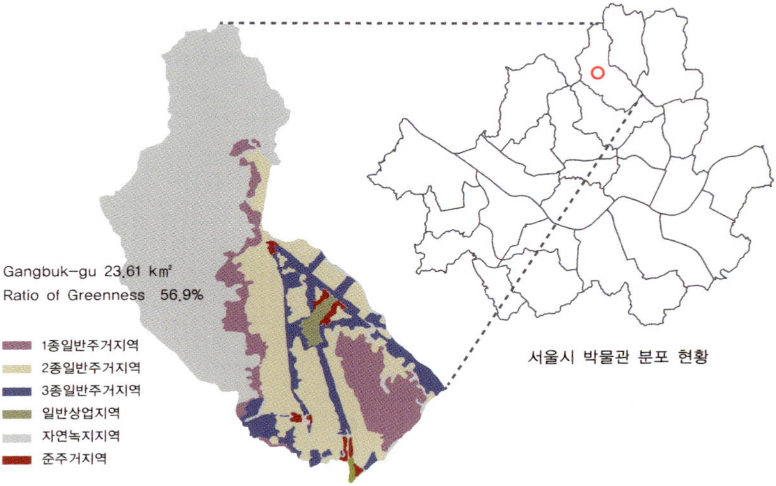

서울시 박물관 분포 현황

Path

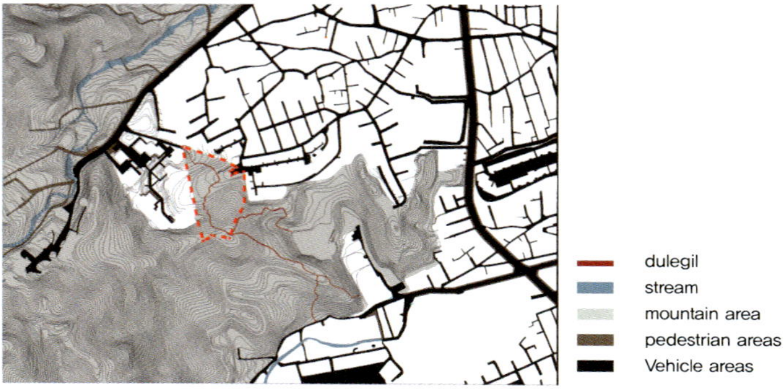

Figuare and ground

Program

도시재생은 우리 인간 삶의 공간으로서의 도시공간을 회복시키는 노력이며 원래의 도시의 모습을 찾아가는 것을 뜻한다. 우리 삶의 공간에 대한 문화적인 접근과 함께 일반적인 생활 속에서도 문화적인 풍요를 느끼며 살아갈 수 있는 도시를 만들어 가는 신중하고 장기적인 계획이 문화적인 접근방식의 도시재생이다. 즉, 살고 싶은, 살기 좋은 도시로 만들어가는 것이 문화공간으로서 도시재생의 기본개념이다. 문화 자체의 개념이 고급문화에서 일반적인 대중문화로 이동하고 있는 지금, 도시의 일상 생활 공간에서 다양한 문화공간의 확보는 절실하게 요구된다. 문화시설을 통한 도시 이미지 창출 및 개선 효과는 뚜렷한 대외적 이미지를 지니지 못한 지역에 있는 문화시설의 대회적인 이미지를 개선하는 데 큰 역할을 할 수 있다. 이러한 시설들은 지역 내에 다른 산업이나 마케팅에 있어서 다른 지역보다 우선적으로 인식될 수 있기 때문이다.

우리나라 근현대사의 중요한 획을 그은 순국선열묘역 21기(基)와 문화예술인들이 잠들어 있는 수유, 우이동 일대에 역사문화의 숨결을 되살릴 근현대 박물관을 계획하고자 한다. 의암 손병희(1861~1922) 선생과 몽양 여운형(1886~1947), 이준(1859~1907), 이시영(1869~1953) 선생 등 17명의 전시공간을 조성해 현대사에 대한 이해를 높이고 민족의 자긍심을 일깨우기 위해서다. 선정대상지는 주민 운동시설과 둘레길이 부지 중앙을 통과하고 있는 데다 4 · 19 국립묘역 남쪽을 통해 접근이 가능하며 우이~신설동 경전철까지 완공되면 삼각산 둘레길과 연계한 코스가 갖춰져 역사문화체험의 장으로서 강북구에 활력을 되찾아 줄 것이다. 이를 통해 강북이 간직한 기억과 문화/역사적 가치 즉, 대지성과 장소성을 경험의 장소로서 재해석한다.

Walking the dulegil to discovering forgotten memories naturally scenario

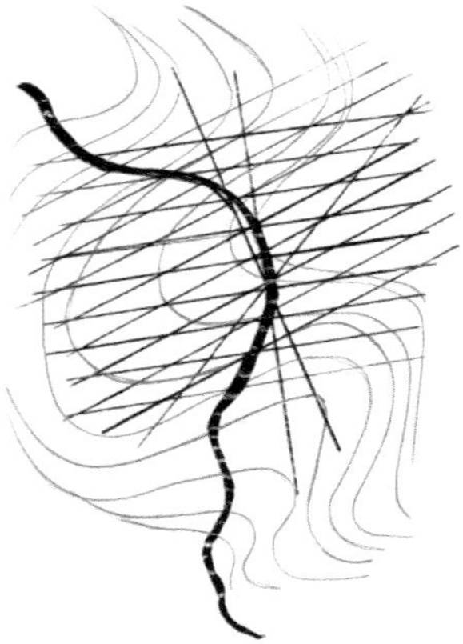

Axis of the city, and the memories of the axis and the circumference of the way in meeting

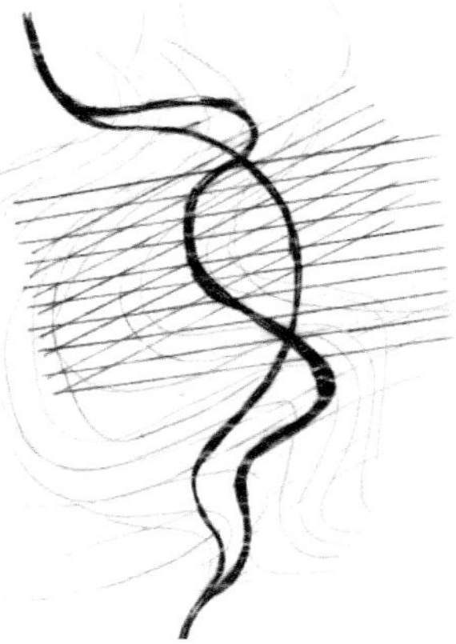

To conform to the topography of the earth comes in the way of existing transformed into a form which wears the traditional way

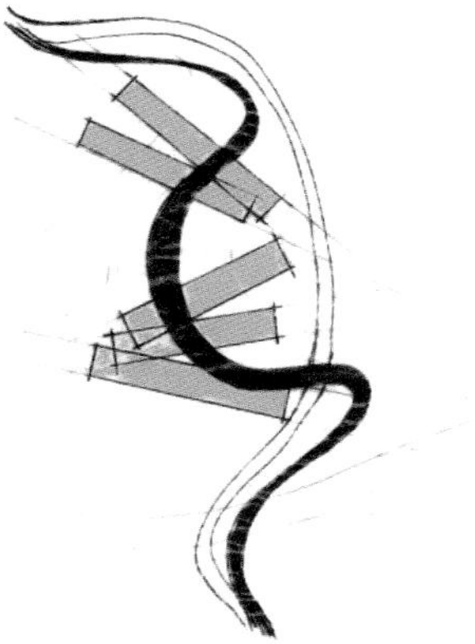

Does not artificially intruded on the road like a scattered mass of new memories.
(But remember the axis of the shaft and the city's pristine)

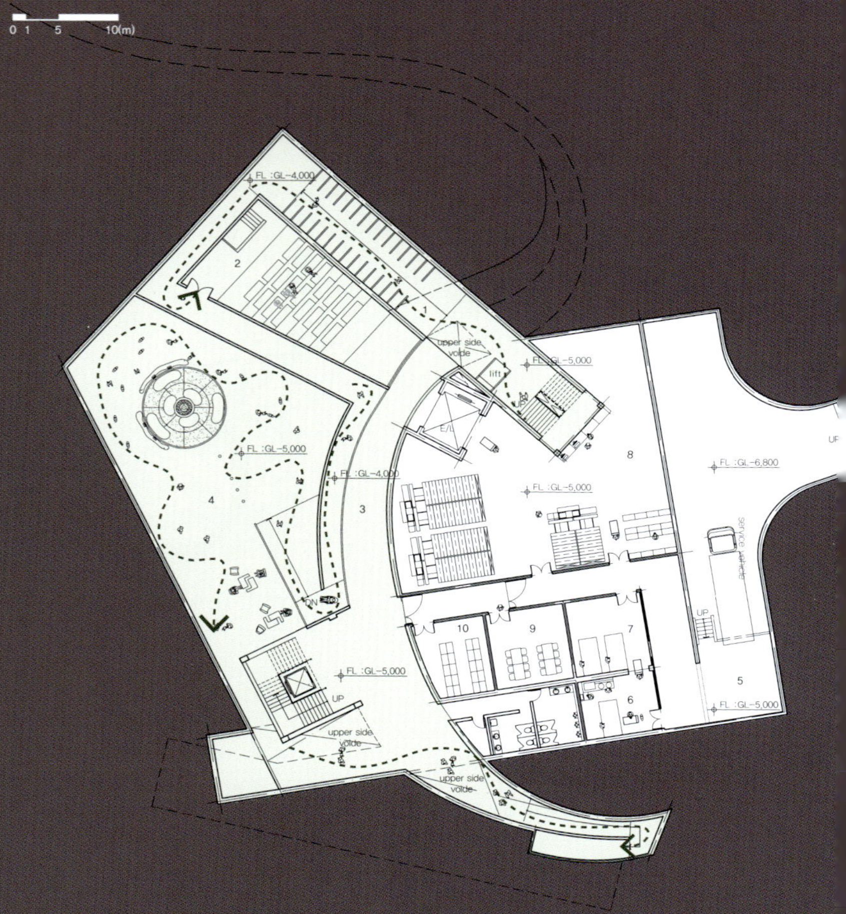

052

1. exhibition
2. multi-room
3. exhibition
4. exhibition
5. unloading dock
6. chemical room
7. sterilizing room
8. storage
9. workshop
10. storage

BASEMENT FLOOR PLAN

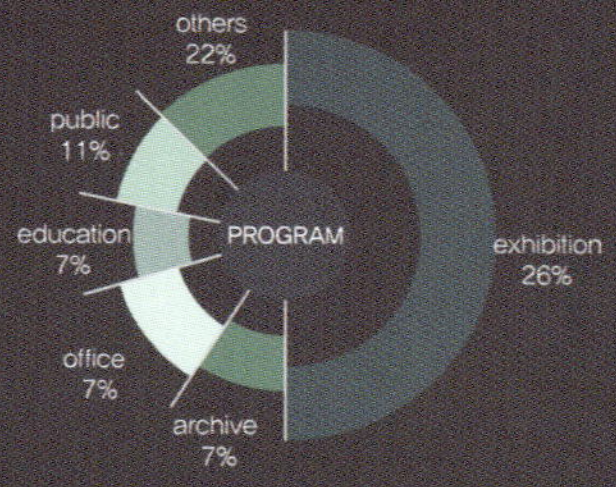

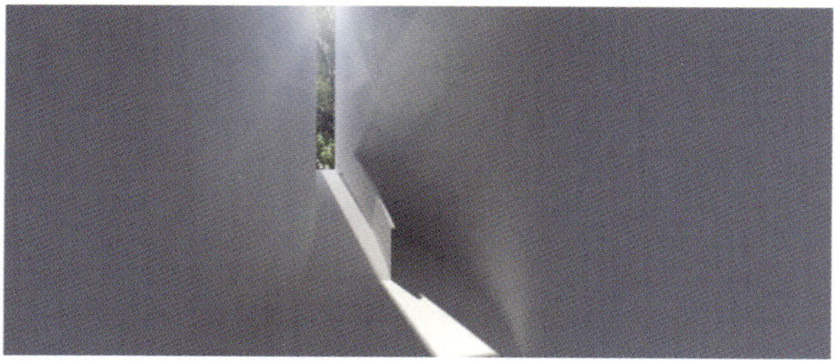

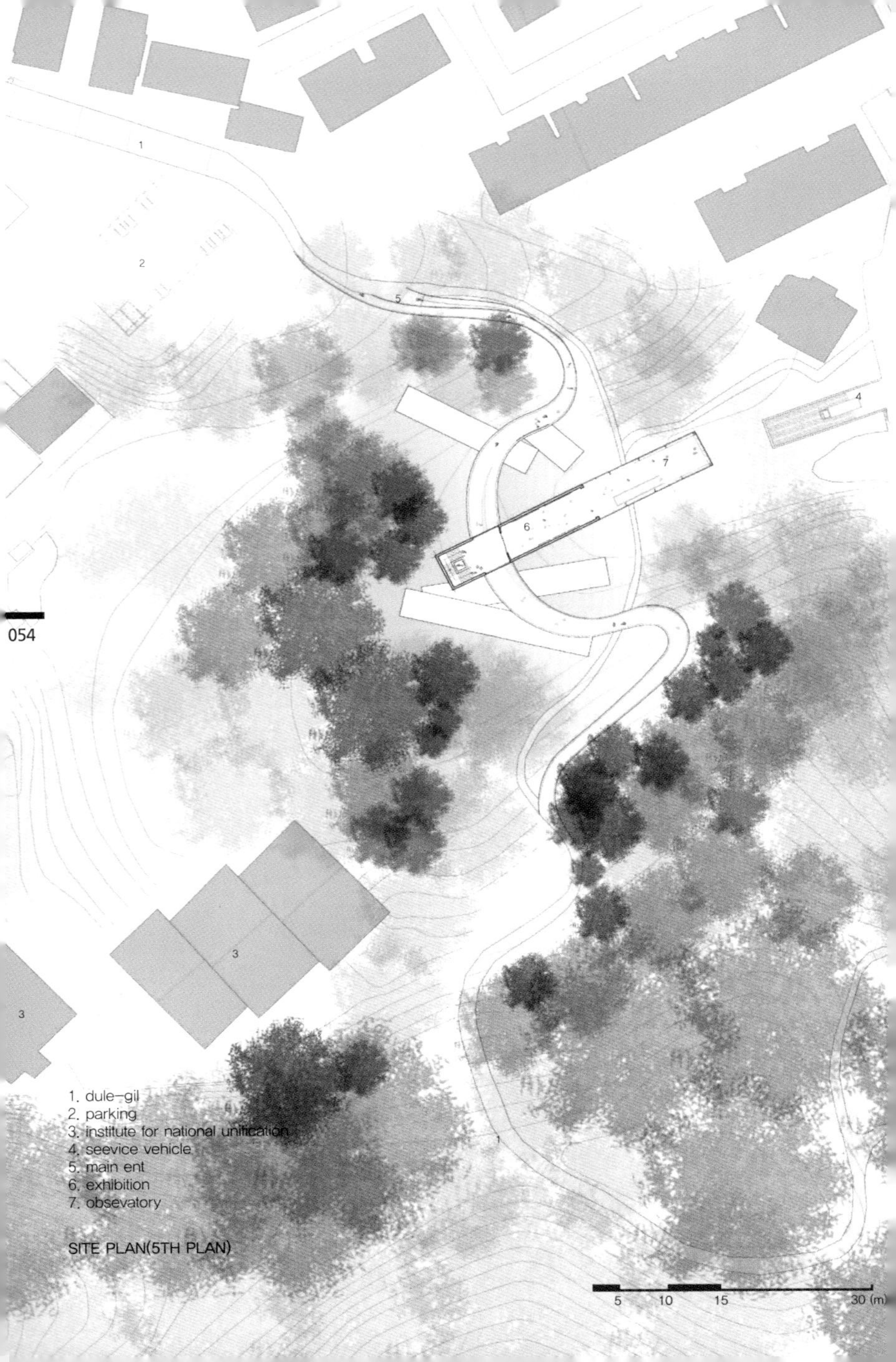

SITE PLAN(5TH PLAN)

N

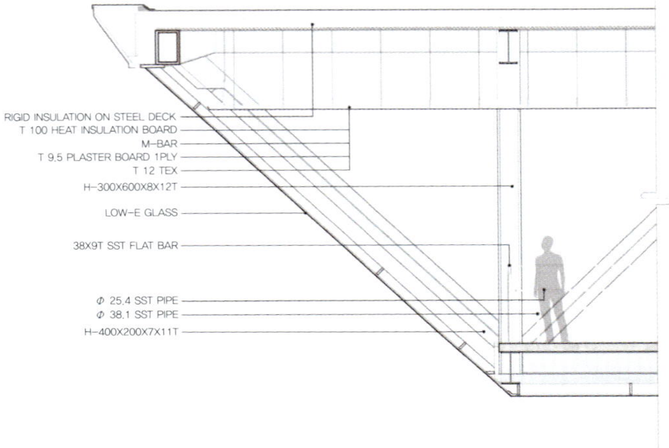

DETAIL SECTION-A

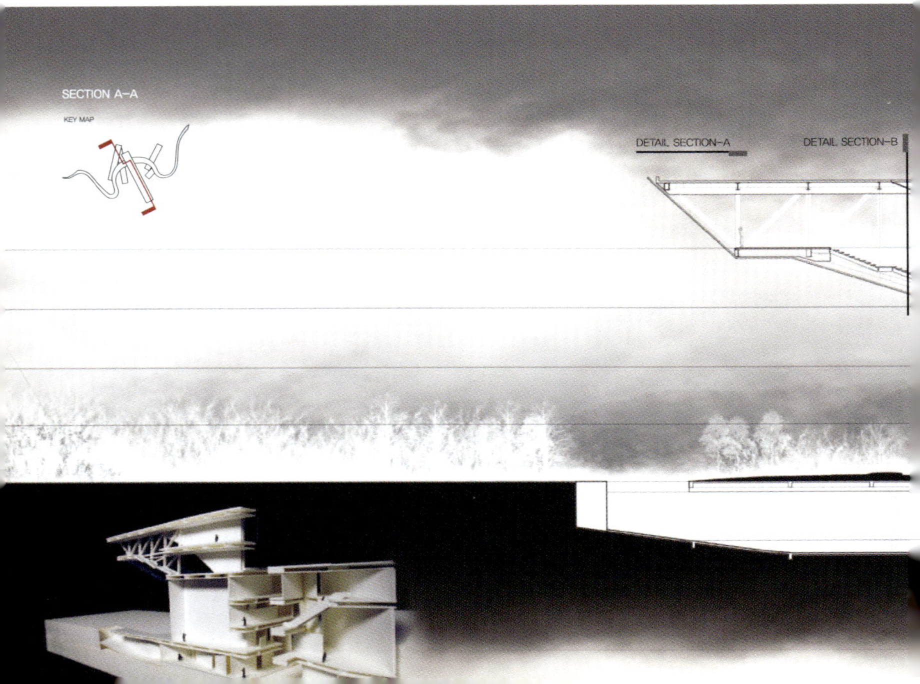

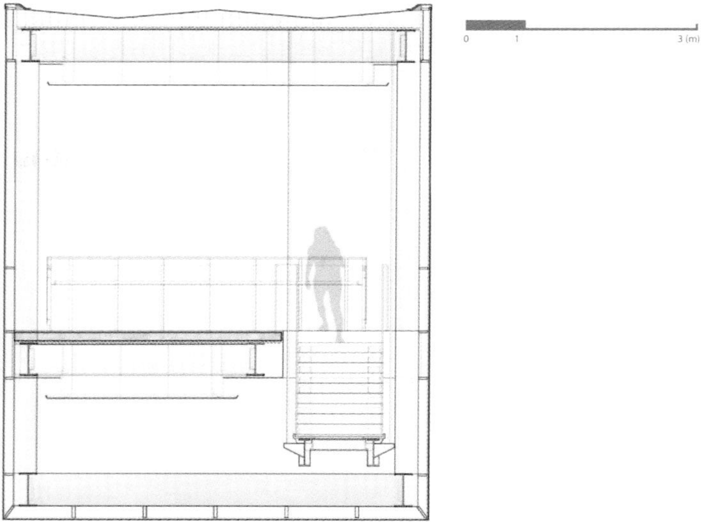

DETAIL SECTION–B

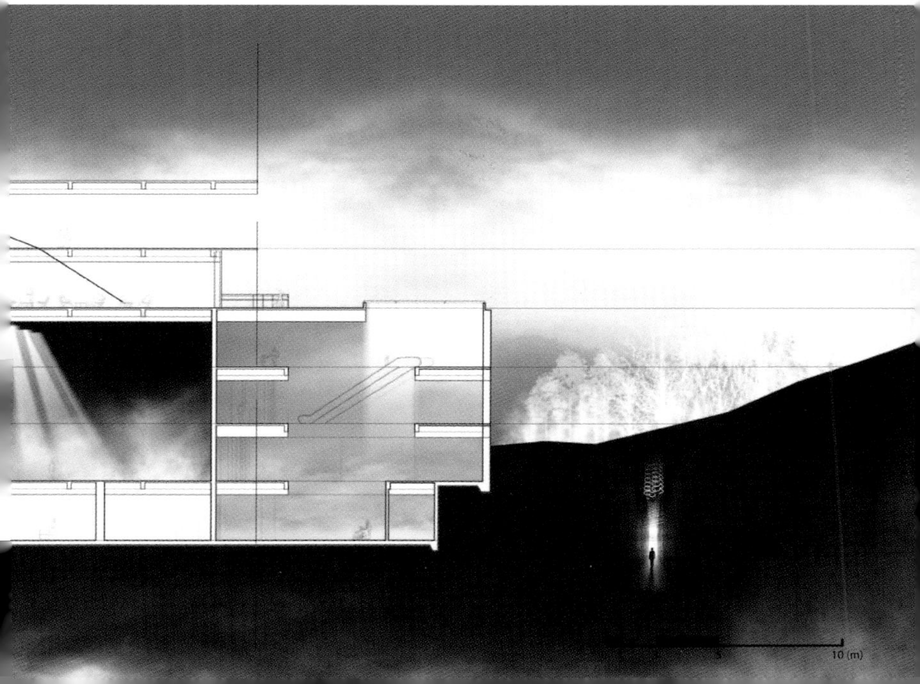

PERSPECTIVE SECTION

REFLECTION OF SEOUL TOWARD PUBLIC

Reconsideration of Seoul City

중구 남대문로 5가(서울역 일대) 서울스퀘어 빌딩 재계획안

김소연 | Kim, soyeon

SEOUL SQUARE

Building Outline

빌 딩 명 : 서울스퀘어(구 대우센터)
주 소 : 서울 중구 남대문로 5가 541(서울역 일대)
대 지 면 적 : 1만538㎡
연 면 적 : 13만2806㎡(약 4만 평)
기준층면적 : 임대 5354.48㎡, 전용 2990.54㎡
건 물 규 모 : 지하2층 ~ 지상23층
지하1층, 지상1 · 2층 : 상업시설,
지상3층 : 휘트니스센터 등 편의시설,
지상4층~23층 : 오피스

1977~2006 대우빌딩

2006~2009
금호아시아나 그룹에 인수

2009~
모건스탠리에 매각, 서울스퀘어

서울의 관문이라 불리는 서울역은 하루 9만명 이상이 이용하는 서울의 중추역이다. 지금까지 역사만 해도 백년이 넘었으니 그만큼 그곳을 이용한 사람도 그곳만이 가진 이야기도 다양하다.
서울역에서 나와 서울에 첫 발을 내딛는 사람들이 제일 처음 경험하는 '장벽'같은 건물이 하나 있다. 2009년 리모델링을 마친 '서울스퀘어'가 그것이다. 외관은 아날로그한 모습 그대로여서 어딘지 모르게 친숙한 기분이 들기도 하지만 장벽이 주는 위화감보다는 크지 않다. 저녁이 되면 이 건물의 의도를 알아차릴 수 있는데 LED로 이루어진 거대한 스크린을 통해 건물 전면에 미디어 아트가 상영된다. 미디어 아트가 상영되면 사람들은 발길을 멈추고 거대한 스크린의 움직임에 눈을 맞춘다. 건축과 아트를 접목시키는 것은 물론 긍정적인 시도이고 변화다. 하지만 '서울의 첫 이미지'를 결정짓는 것이 '화려한 스킨에 의존하여 뒤로 물러나 버린 건축물'이라는 것은 분명 어색하다. 건축가의 작품이 기능이 중시되는 도시에서 분명한 의도를 담고 있었으면 한다. 그리고 그 중요한 의도만으로도 아름다웠으면 한다. '서울'의 중요한 이미지가 LED는 아닐 것이니 말이다.

Idea #1 About Landmark

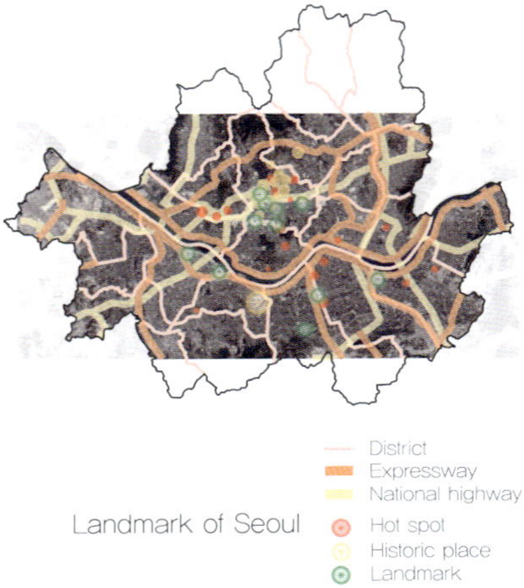

Landmark of Seoul

A. The Times

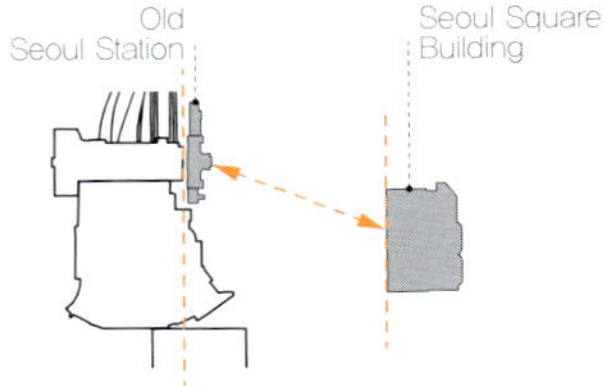

B. Visible

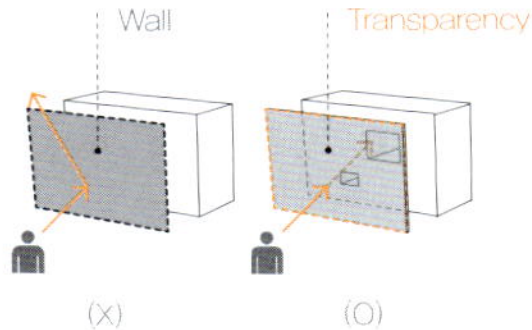

Idea #2 Image of Seoul City

A. Iconic Image

B. Linear Image

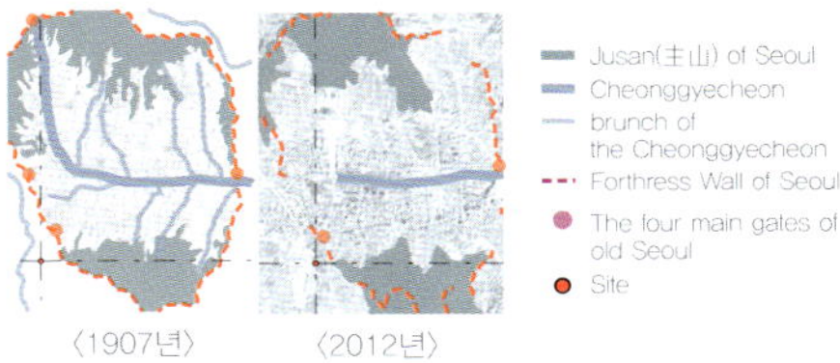

C. Layered Image

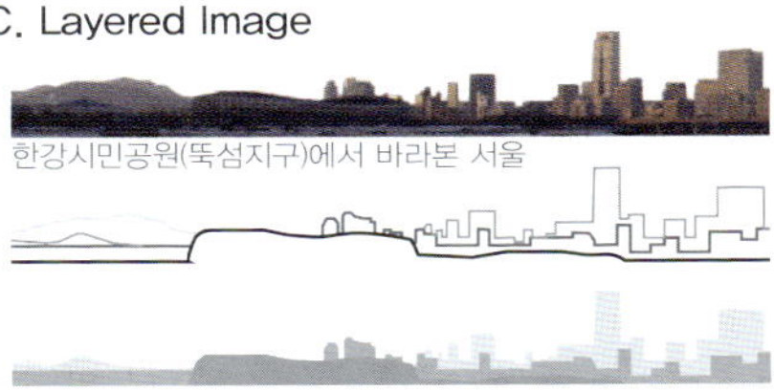

Site Analysis

A. Landmark

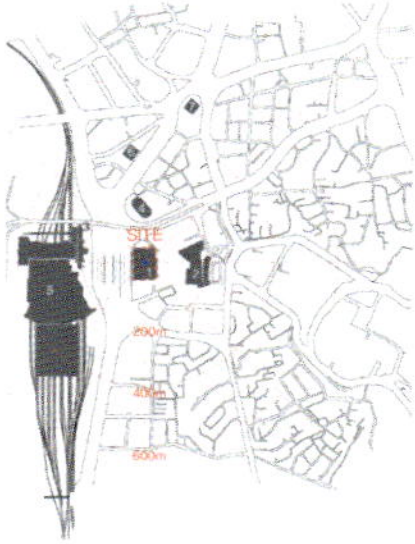

Landmark

1. Seoul Square
2. Millennium Seoul Hilton
3. Old Seoul Station
4. Yonsei Jaedan Severance Building
5. Seoul Station
6. YTN Tower
7. Sungnyemun

site

B. Occupation

green
grain
reconstruction area

Fortress Wall of Seoul
Restoration Section
Lost Section
site

C. Path

Namsan
Sungnyemun
Seoul Station
site

road
Seoul Bus Transfer Center
Subway Lines 1
Subway Lines 4
Gyeongui Line
Airport Railroad

D. Facility

row house
apartment
multipurpose building
site

Namdaemun Market
commerce
office/headquarters
history
accommodation(plan)
accommodation
Seoul Station

〈2000년대 현재〉

21C

현재 2012
G20 정상회의 개최 2010
청계천 복원 2005
고속 철도 개통 2004
청계고가도로 철거 2003
한일 월드컵 개최 2002

20C

IMF 외환위기 1997
OECD 가입 1996
조선총독부 건물 철거 1995
서울 올림픽 개최 1988
5.18 광주 민주화 운동 1980
12.12 군사 쿠데타 1979
강남구 신설 1975
제 4 공화국 수립 1972
새마을 운동 시작, 경부 고속도로 개통 1970
청계고가도로 완성 1967
제 3 공화국 수립 1963
5.16 군사 쿠데타 1961
제 2 공화국 수립, 4.19 혁명 1960
휴전 협정 1953
6.25 전쟁 1950
서울특별시 1949
대한민국정부 수립 1948
8.15 광복 1945
창씨 개명, 조선일보 · 동아일보 폐간 1940
도시화 진행, 서울 규모 4배 확장 1936
광주 학생운동 1929
3.1 운동 시작, 대한민국임시정부 수립 1919
조선총독부 청사 착공 1918
토지조사사업 시작 1912
한일 합방, 일본에게 국권 빼앗김, 경성부 1910
경성역(서울역) 영업 시작, 경인선 철도 개통 1900

19C

대한제국 성립 1897
을미사변, 단발령 선포 1895
임오군란 1882
일본과 강화도 조약 체결 1876
경복궁 중건1865
김정호, 대동여지도 간행 1861
정약용, 목민심서 완성 1818

18C

정조, 수원 화성 완성 1796
영조, 탕평비 세움 1742

〈1800년대 한성부〉

한성부

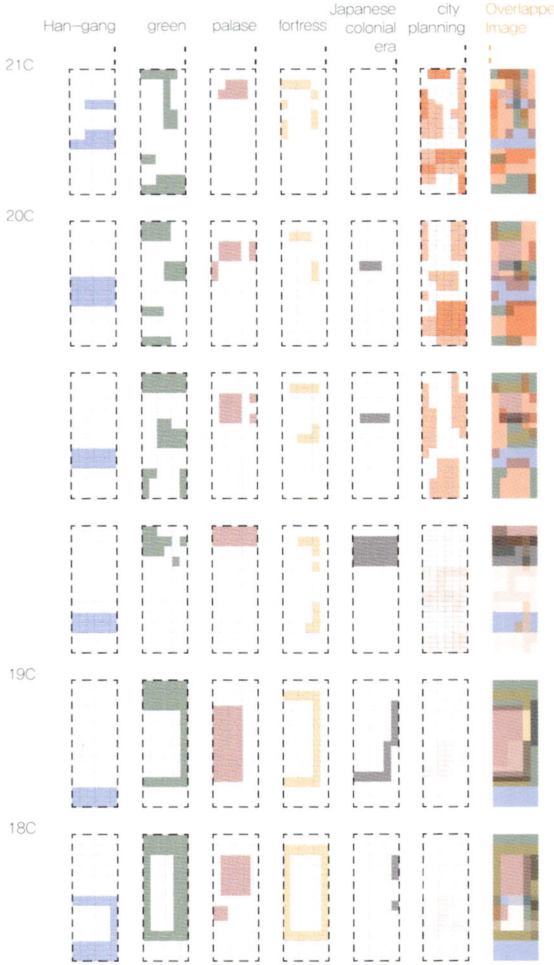

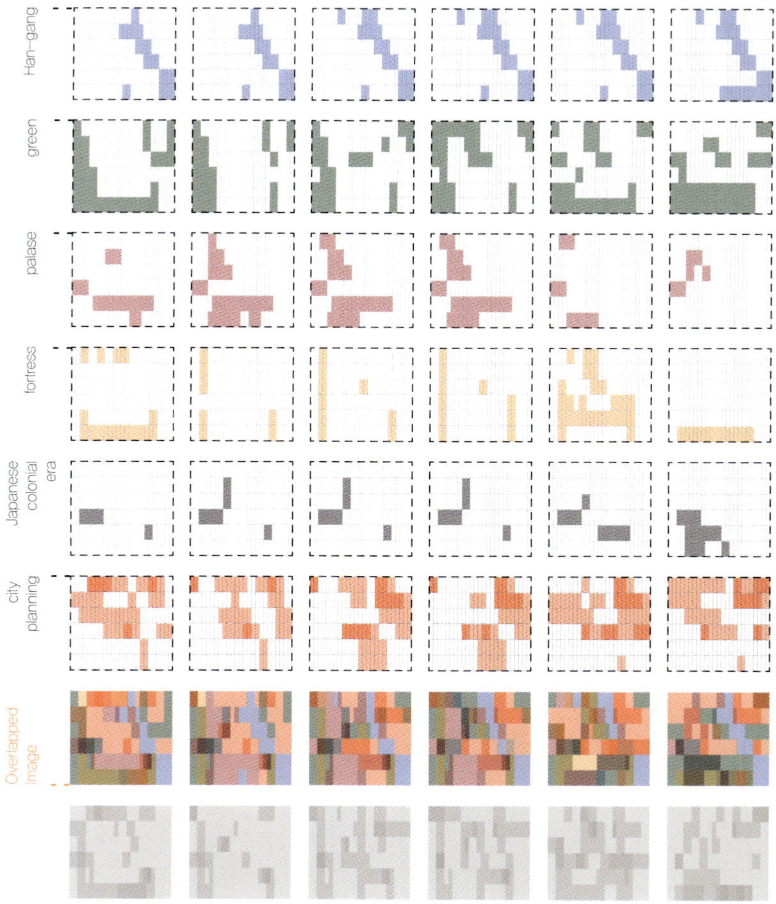
Han-gang
green
palase
fortress
Japanese colonial era
city planning
Overlapped image

SPACE PROGRAM
: CONCEPT

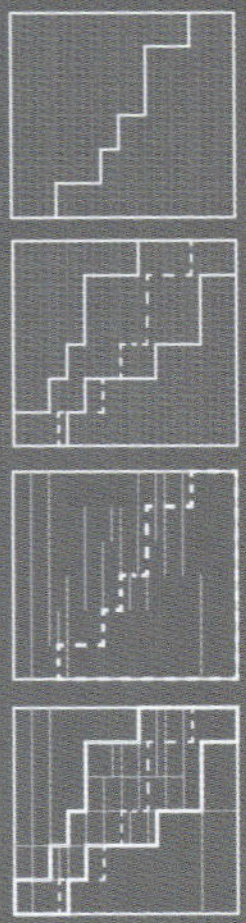

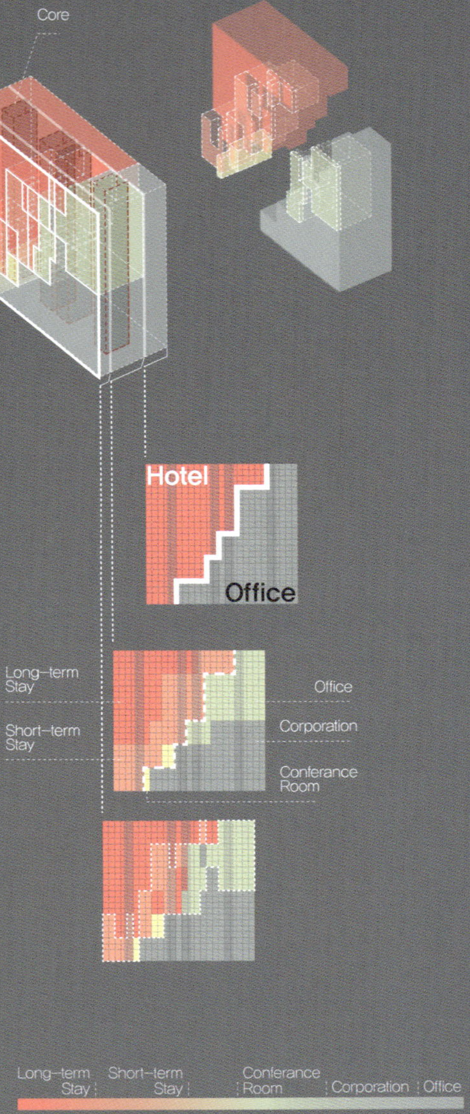

SPACE PROGRAM
: AXONOMETRIC

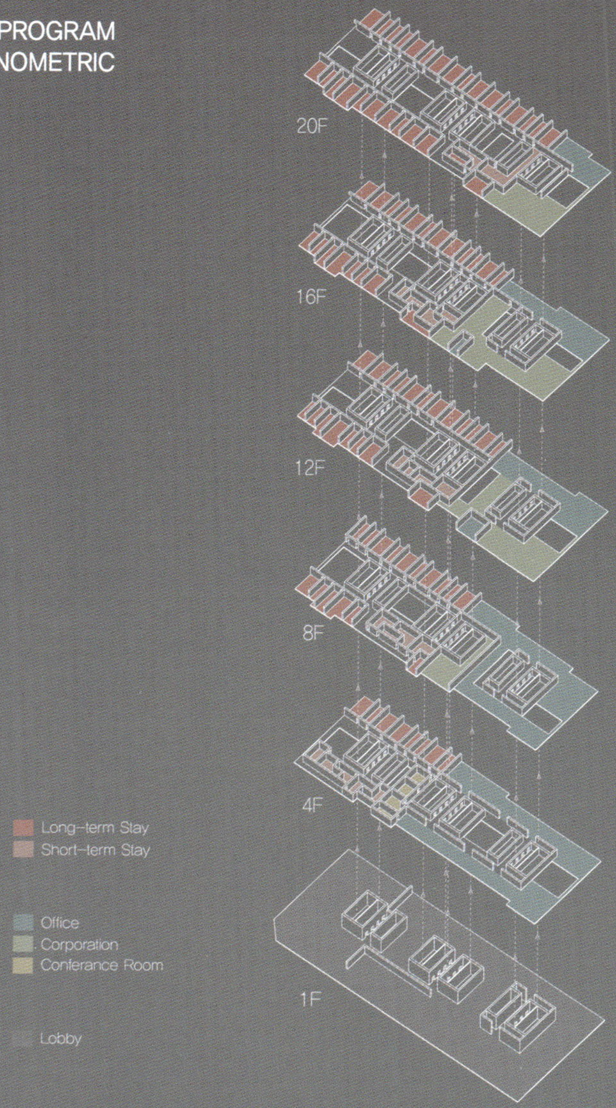

FLOOR PLAN

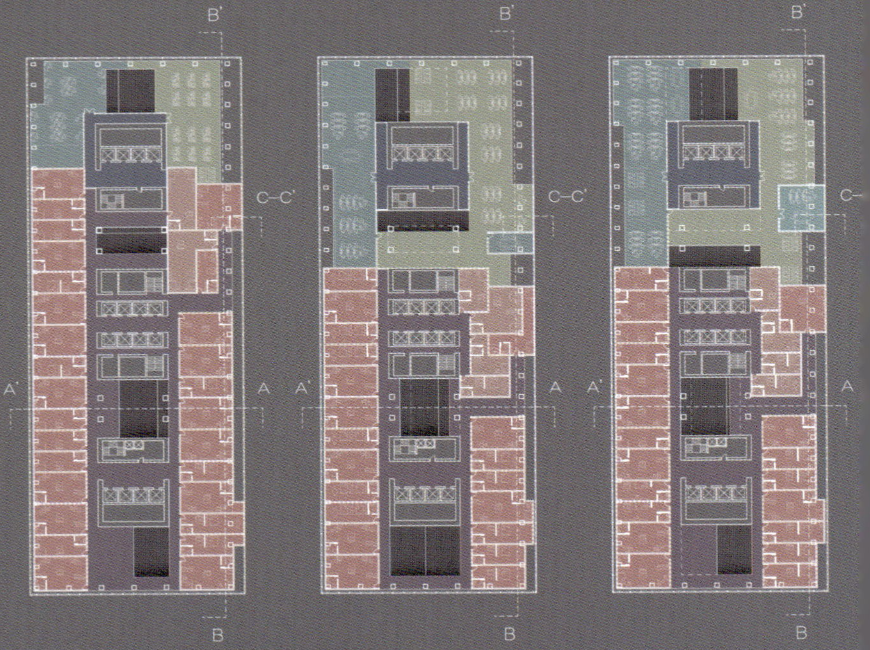

20–23 Floor Plan　　16–19 Floor Plan　　12–15 Floor Plan

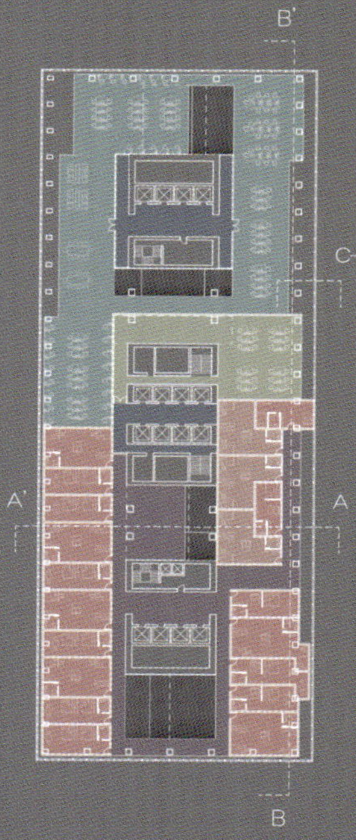

8–11 Floor Plan

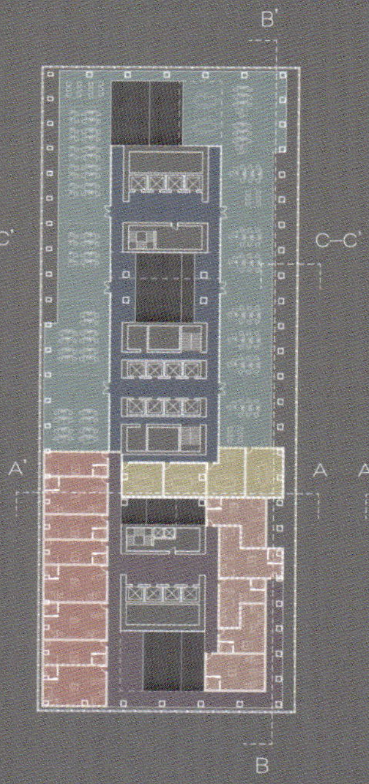

4–7 Floor Plan

2–3 Floor Plan

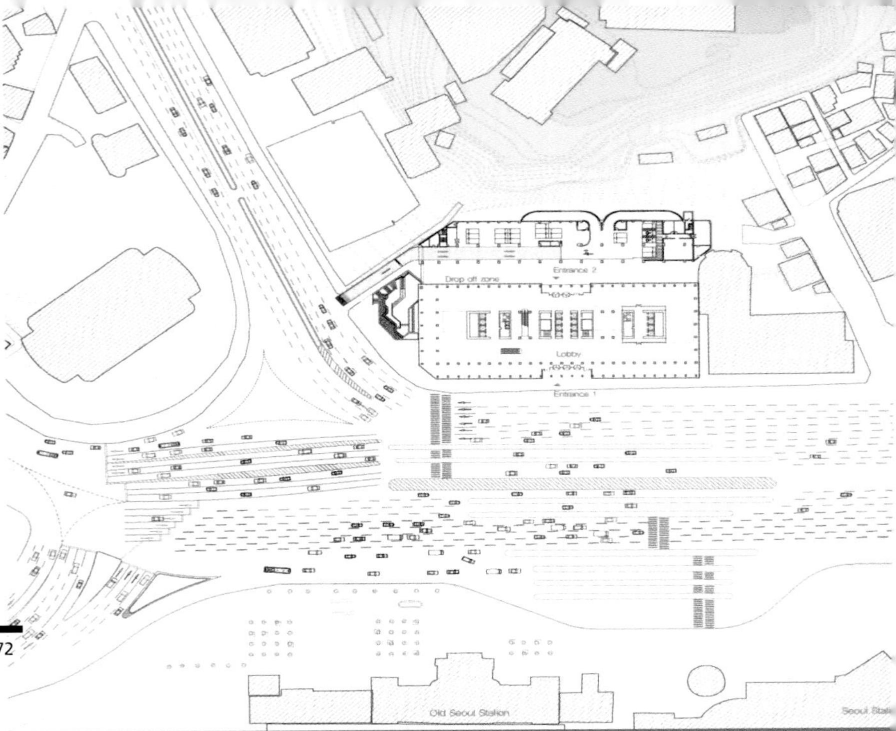
Drop off zone
Entrance 2
Lobby
Entrance 1
Old Seoul Station

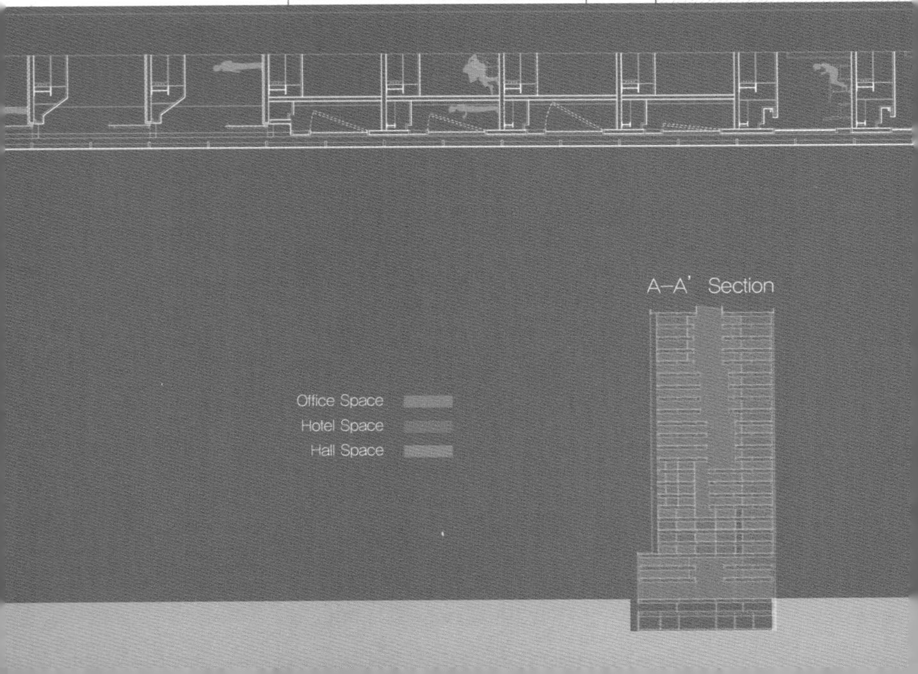
A–A' Section
Office Space
Hotel Space
Hall Space

◀ 배치도

▼ 입면드

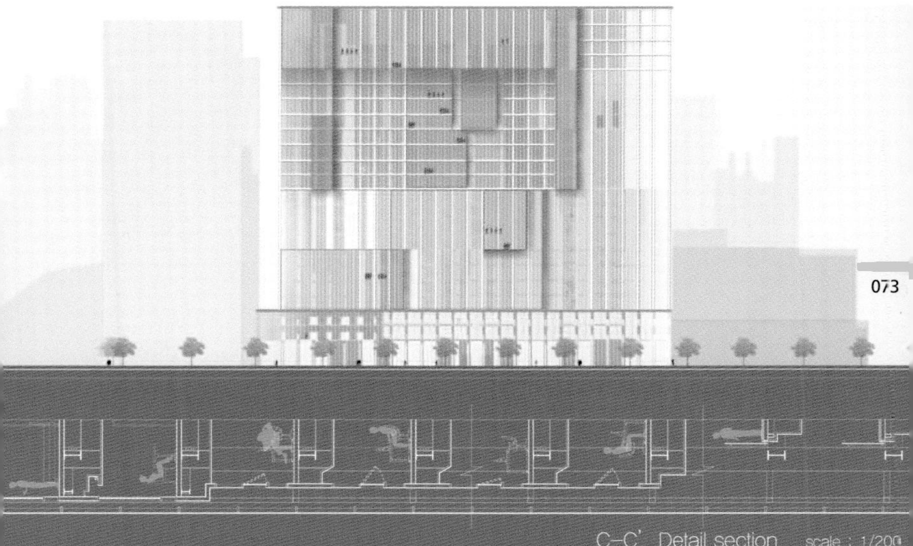

C–C' Detail section scale : 1/200

B–B' Section

0 1 3 6 10 20M

COMMUNICATION BY PUBLIC LIBRARY

용산구 후암동 디지털 도서관

신지식, 문화, 디지털도서관의 통합을 통한 후암동 지역 활성화 방안

김영헌 | kim, young hun

용산구 후암동은 광복과 더불어 해외에서 돌아온 동포들과 6.25동란 전후하여 북한에서 월남한 동포들이 모여 살면서 이루어진 동네이다.
이후 도시의 확장과 재개발의 결과로 영세민들이 도시에 위치한 구릉지에 집단적으로 이주하면서 형성된 곳이다.
후암동 일대는 경사지를 이루고 있고 고도로 밀집한 주거 지구가 형성되어 있는 지구이다.
고밀화와 같은 사회적인 문제점과 경사지의 지역적 특징을 활용하지 못하는 문제점으로 인해 이번 졸업 작품 주제와 연관하여 새로운 방향성을 제시할 수 있는 가능성을 지니고 있다.
주민생활의 빈부격차가 심하고, 편익시설의 편중, 부족으로 인해 정비가 잘 되어진 도심의 중심지보다 지역민을 위한 프로그램이 필요하다.
남산, 용산민족공원, 대상 부지인 용산시립도서관, 인근에 남산 시립도서관이 있으며 안중근 기념관, 백범광장, 독일문화원 등이 인근에있어 새로운 개념의 신지식 + 녹지 + 문화의 인프라를 형성하여 지역활성화와 서울시의 새로운 도서관 타운을 제시한다.

City Plan of Seoul

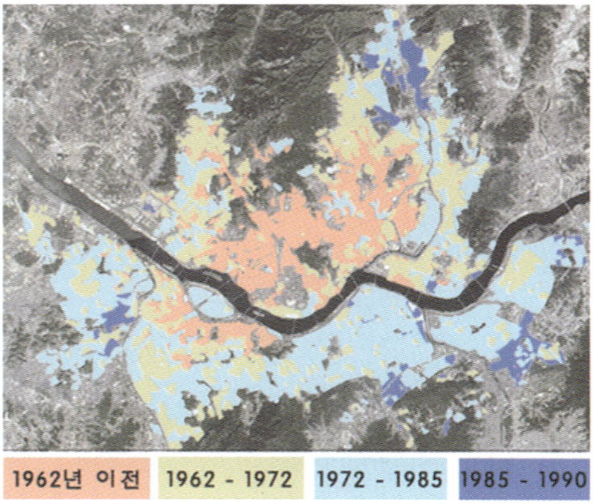

Site

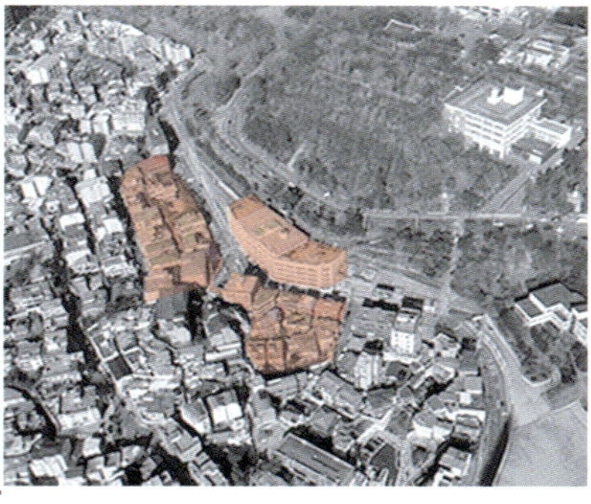

후암동지역 : 5층이하 2종일반주거지역

- 총인구 : 19100명, 14세미만 : 3100명
- 15~29세 : 4400명, 30~59세 : 9100명
- 60세 이상 : 3000명
- 14세 미만의 어린이와 60세 이상의 노인 인구가 전체에서 약 30%를 차지하고 있음

용산도서관

- 소재지 : 서울 용산구 후암동 30-90번지
- 용도 : 공공도서관 • 설립연도 : 1981년
- 주요활동 : 도서대출, 열람, 사회교육
- 규모 : 지하1층, 지상5층

개발중심의 도시관리 – 개발우선 양적성장

급속한 도시 확장 – 급속한 도시화와 과밀도시 탄생

개발과 건설위주의 도시건축 – 획일적 도시 개발

무분별한 도시확산 – 고층아파트 개발로 주변 경관 훼손

도시기반시설 포화에 따른 도시문제 확산 – 과밀, 혼잡, 환경오염

질적 성장의 도시관리 – 삶의질, 시민행복 업그레이드

서민주거 안정 강화 – 주택 재개발, 뉴타운, 재건축

노후 소득 보장체계 구축 – 노인 적합형 일자리 창출, 제공

노인 여가 활동 시설확충 및 프로그램 개발

아동 및 청소년 건전 육성 – 청소년 쉼터 및 상담지원센터 확충

대안 교육 프로그램 확대, 청소년 전용공간 확충, 문화 프로그램 확충

Stronghold of Circulation and Communication

Reinventing the Seoul City Project

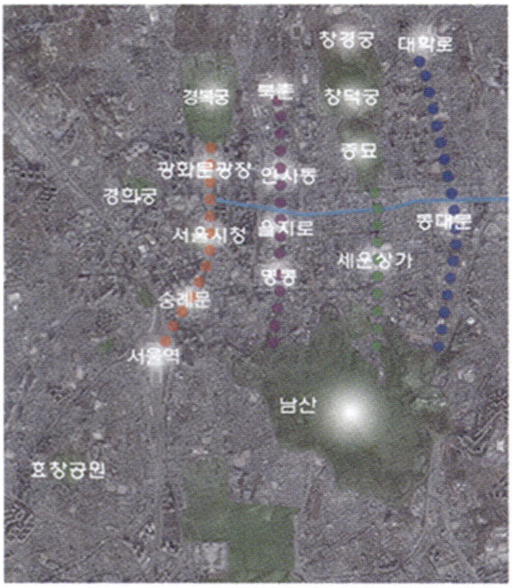

●●●● 1축 – 역사문화축(경복궁~서울역)
역사문화거리 조성, 경복궁, 남대문을 중심으로 역사성 및 상징성 복원 국가 상징가로의 지속적인 보행녹도 조성 및 가로 경관 개선 광화문 광장, 시청앞 광장, 북창동 및 남대문관광 특구 환경정비

●●●● 2축 – 관광문화축(북촌~명동)
북촌, 인사동, 명동 일대를 주요명소로특화하여 축으로 연결, 을지로변과 청계천변 첨단문화 디지털 공간으로 명소화

●●●● 3축 – 녹지문화축(창경궁~남산)
단절된 남북 간 녹지축의 복원, 관광자원화 서울 도심의 주요 조망점인 남산으로의 녹지 경관축 확보, 세운 녹지축 조성, 창경궁, 종묘간 단절된 녹지의 복원

●●●● 4축 – 복합문화축(대학로~동대문운동장)
역사문화, 공연문화, 패션문화가 함께하는 복합문화 축, 대학로, 디자인플라자, 장충단 벨트등 주요 명소간 연계강화

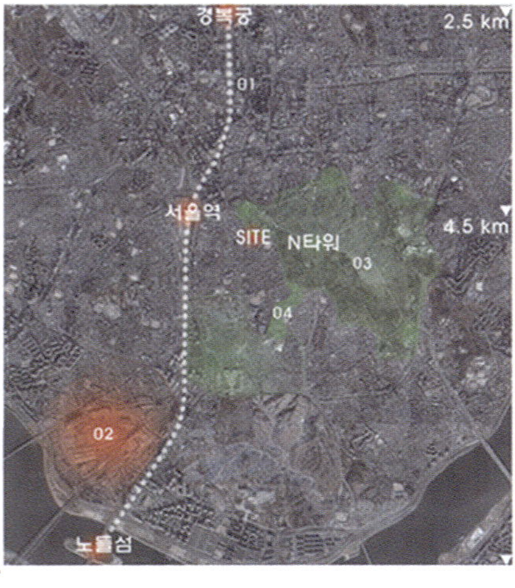

01. 국가 상징거리
Step1. 역사의 생성 재생의 공간
Step2. 미래발전 도약의 공간

02. 용산국제업무 지구
국제여객터미널 및 한강변 아트센터
문화, 상업공간을 한강변으로 확장
초고층 건축물 및 도심속의 신도시
건설로 국제업무, 관광 단지조성

03. 남산 르네상스
광역적 차원의 공간 구상
고립된 남산을 도시와 하나된 남산으로
조성, 남산을 산마루, 산중턱, 산자락으로
나누어 차별적으로 접근

City Plan of Seoul

로망 – 대지 서쪽으로 국가상징로인 한강로가 있고 동쪽으로
렬길이 있어 비교적 쉬운 접근체계를 이룸

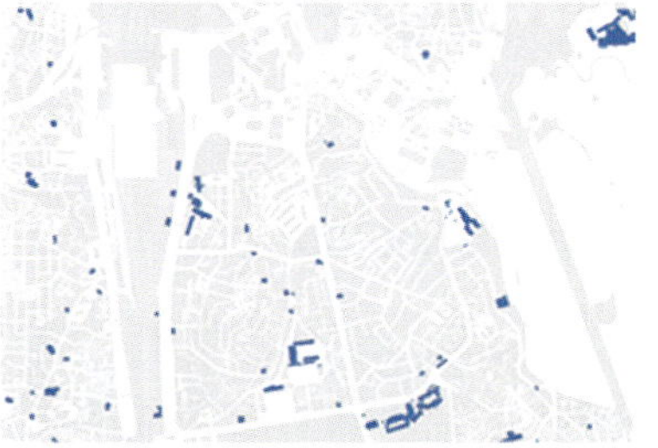

교육시설 – 후암동 주변 대학교와 주민들을 위한 교육시설은
많은 분포도를 보임

ㅓ – 대부분 단독주택, 다가구 주택이 밀집되어 있어
향 주거지를 형성

공공시설 – 주거밀집 지역임에도 공공 시설이 현저히 부족함

| – 서울의 녹지축에 근접하고, 남산, 용산민족공원(계획)이
ㅓ 녹지와의 네트워크 가능성을 지님

상업시설 – 대부분이 지역민의 생활에 필요한 소규모의 상업시
설 형성

Program Process

후암동의 밀집 주거지역과 남산이 어울리지 못하고 높은 옹벽과 차도로 인해 대치하고있음

후암동의 밀집 주거지역과 남산의 단절된 부분에 프로그램을 배치하여 지역주민과 남산, 그리고 서울시의 통합과 소통

각기 다른 프로그램들의 군을 형성하여 프
기능적인 분리배치.

Program Set-up

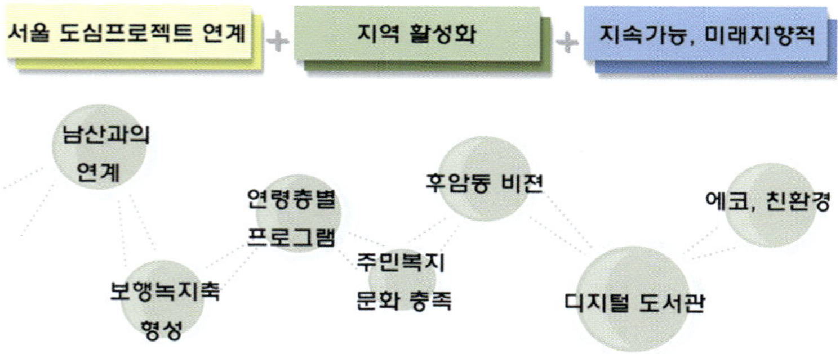

Extension

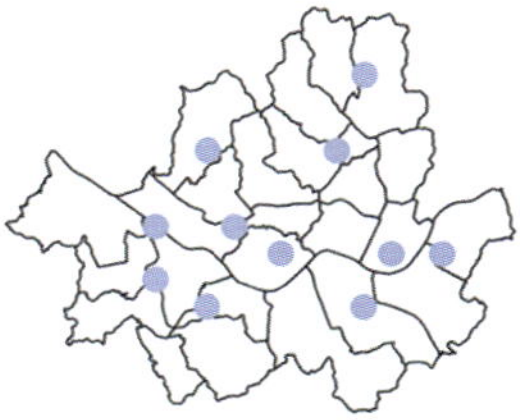

LIBRARY IN SEOUL CITY

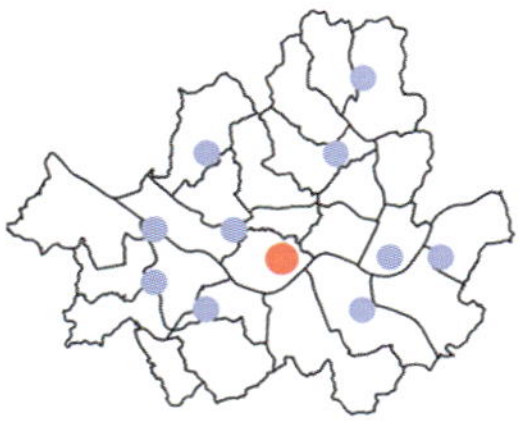

YONG-SAN LIBRARY OF SITE

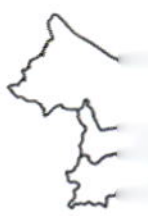

SPR
YON

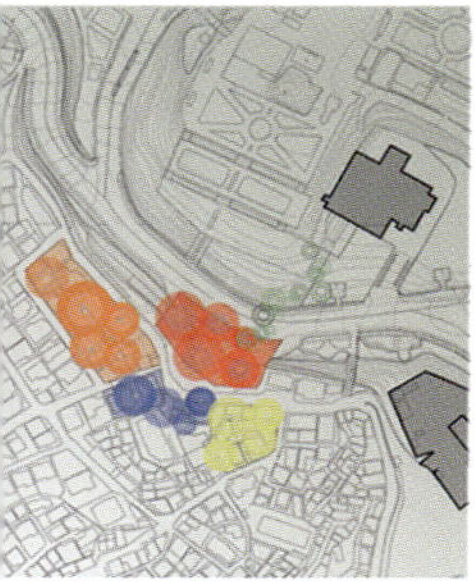

른 프로그램의 군들을 오버랩시키고 연계하여
레관 앞 소공원에 물리적 연결을 시도함.

각기 프로그램들에 따라 매스의 형태를 결정하고,
프로그램과 매스를 연계, 소통시킴

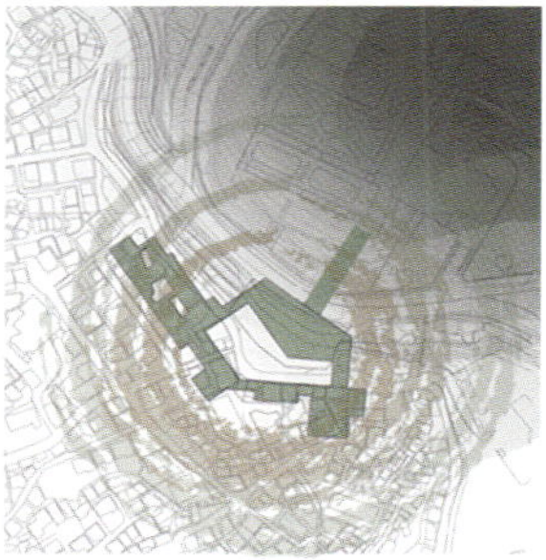

프로그램들의 통합과 소통을통해 후암동 지역과
남산의 소통, 나아가서 서울시의 소통에도 부응함.

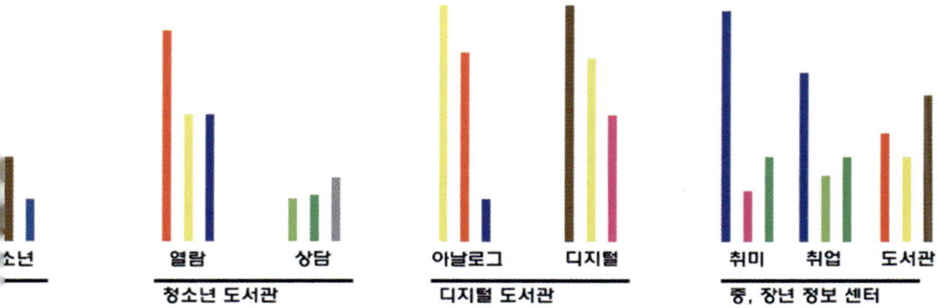

면적 : 1300㎡
건폐율 60% = 780㎡
연면적 2200㎡

면적 : 2845㎡
건폐율 50% = 1400㎡
연면적 7400㎡

면적 : 3500㎡
건폐율 50% = 1700㎡
연면적 4500㎡

공간 문화시설 디지털 도서실 시청각 전시실 자료실 상담시설 활동시설 상업시설

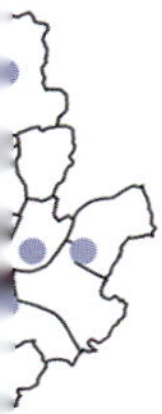

AL LIBRARY

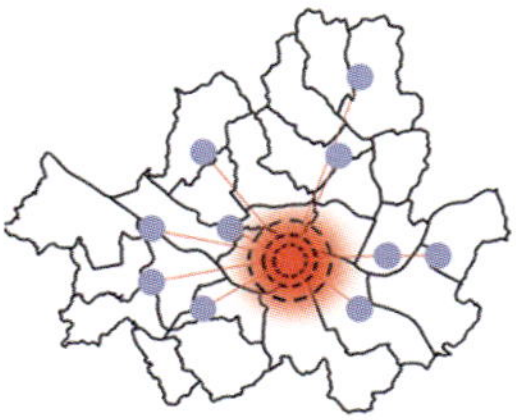

NETWORKING OF
YONG-SAN DIGITAL LIBRARY

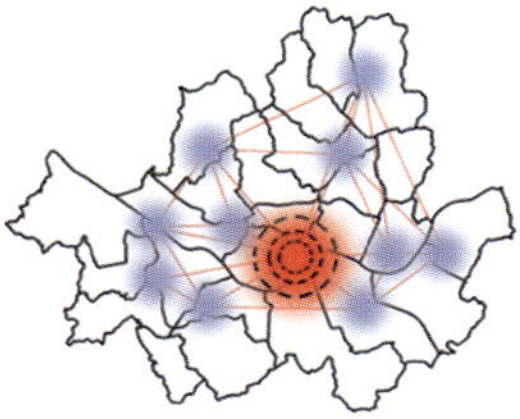

EXTENSION OF
DIGITAL LIBRARY SYSTEM

Site Plan

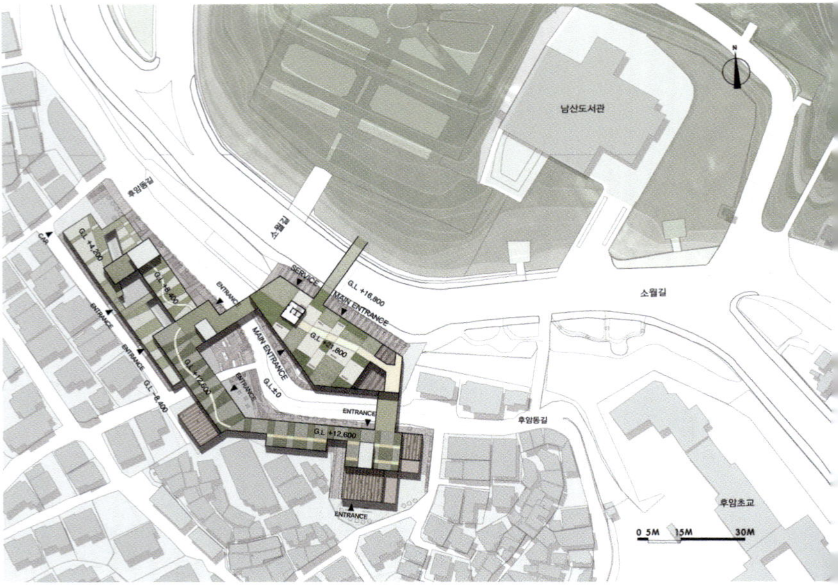

1ST Floor Plan

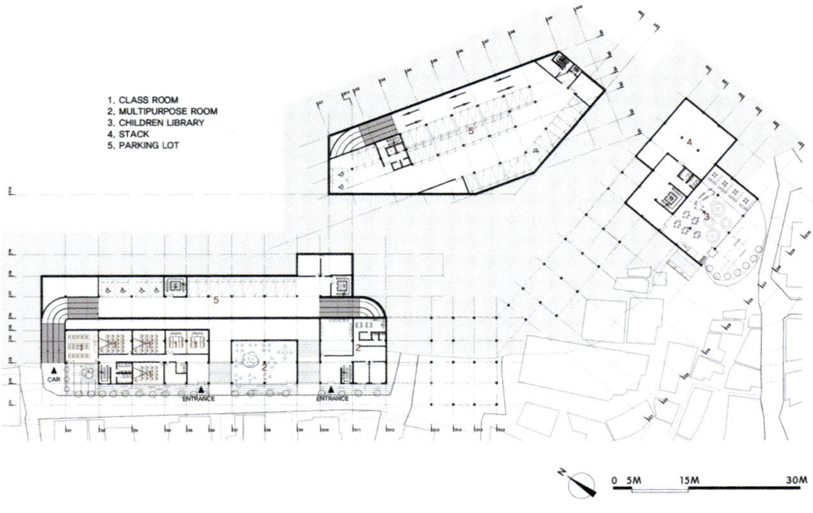

3ND Floor Plan

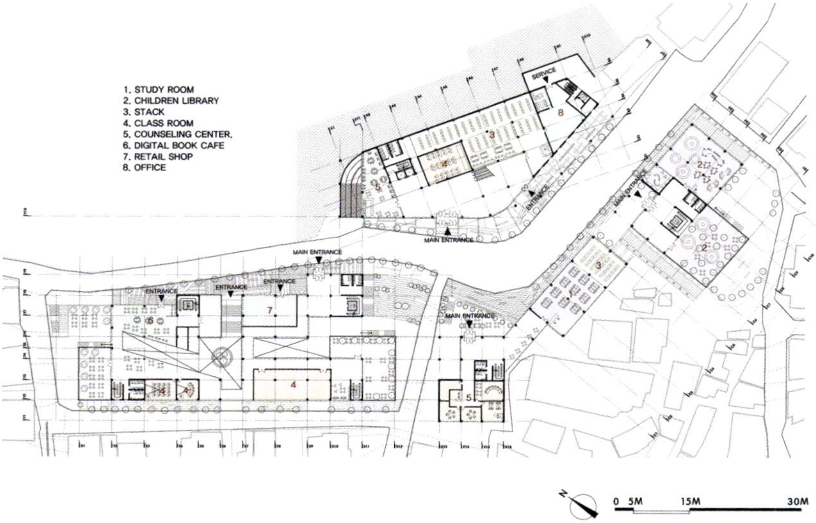

2ND Floor Plan

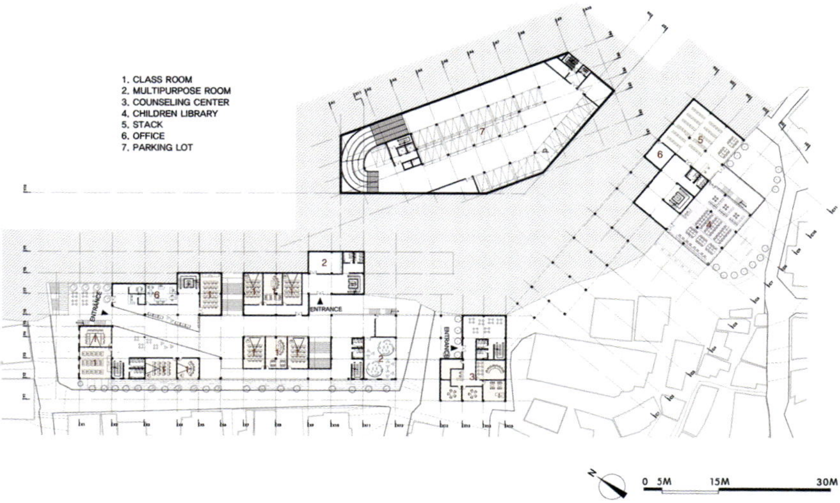

5TH Floor Plan

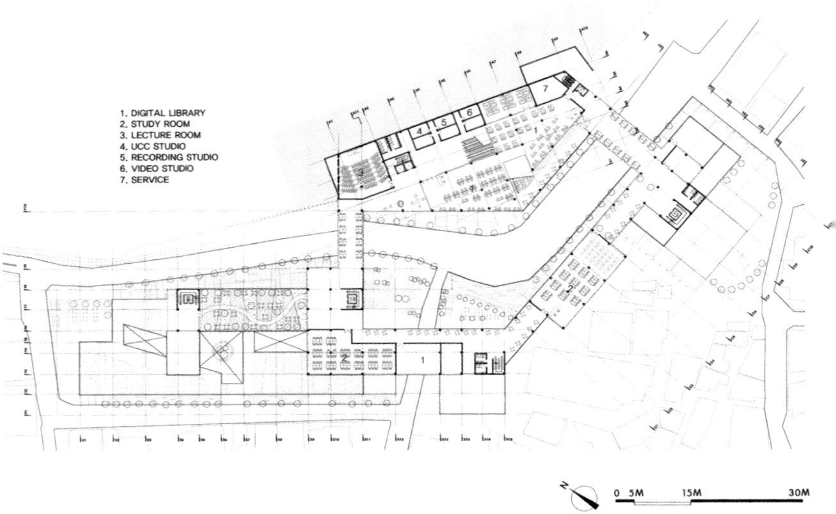

4TH Floor Plan

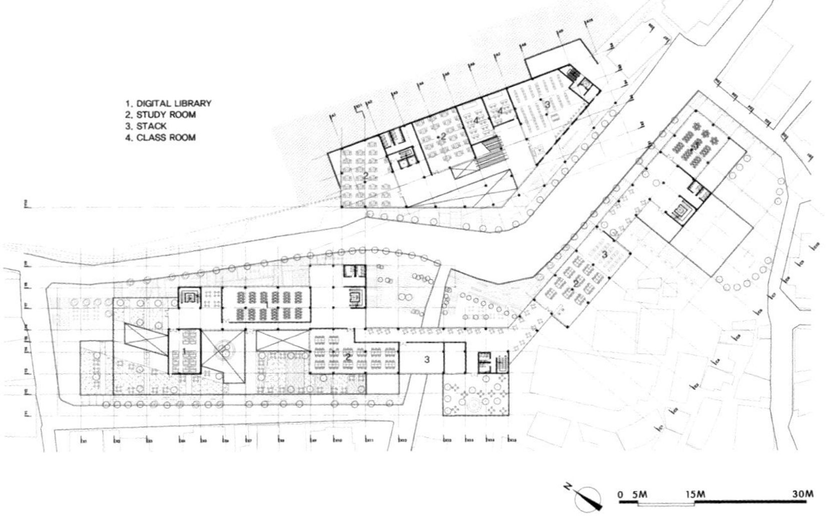

7TH Floor Plan

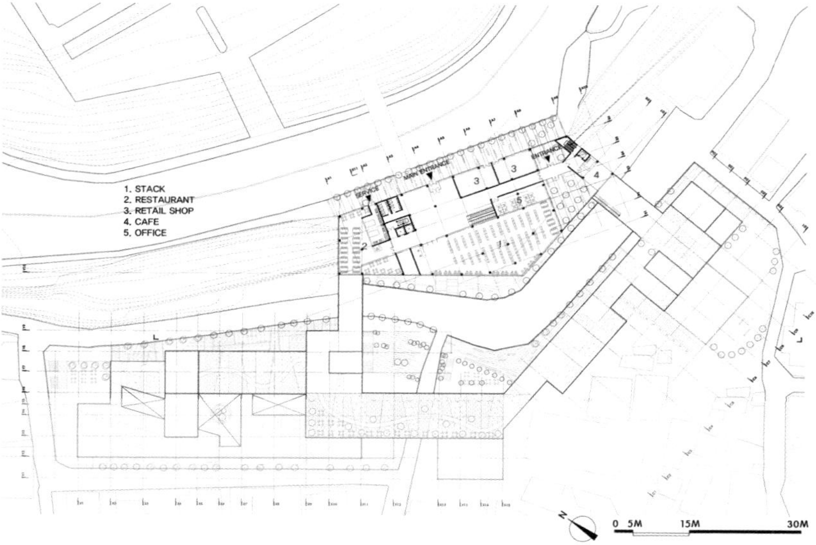

6TH Floor Plan

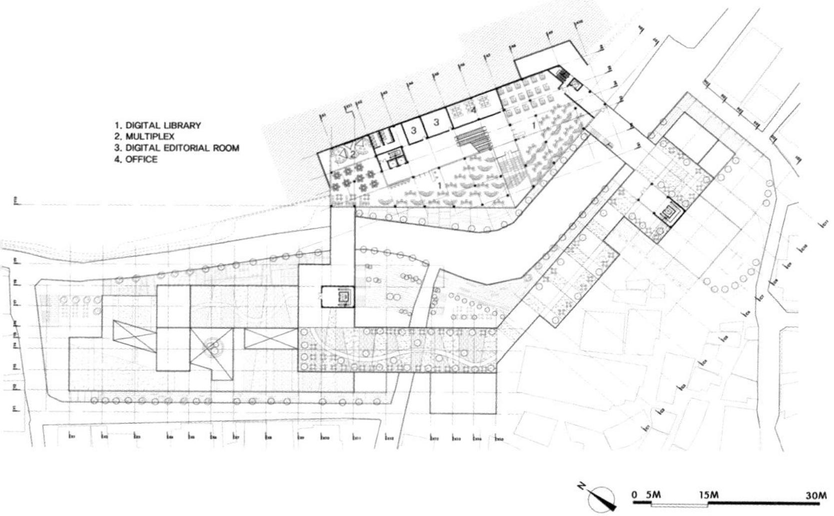

Section

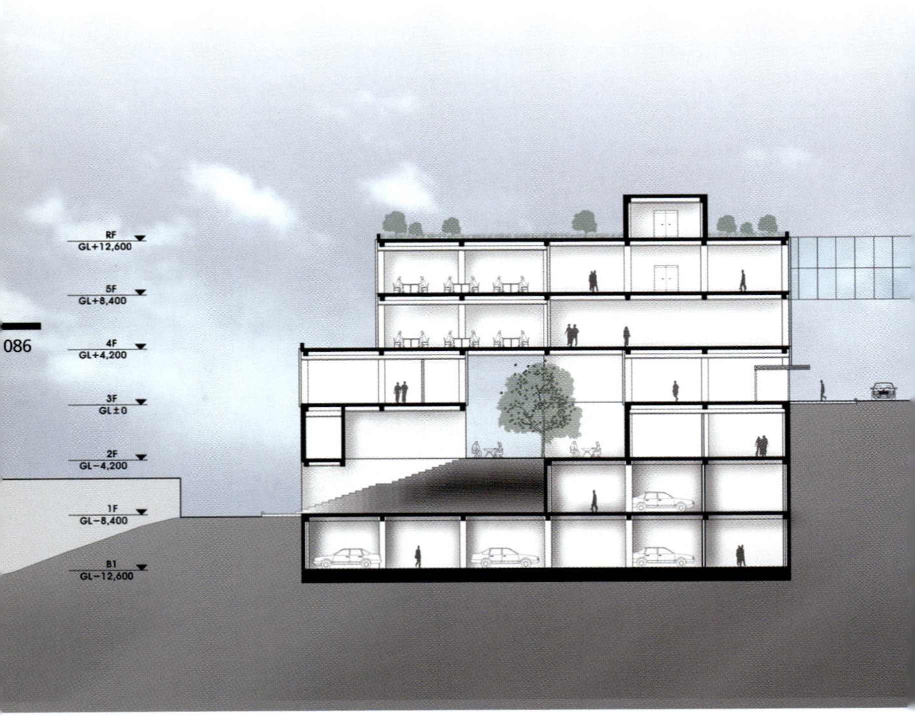
RF
GL+12,600
5F
GL+8,400
4F
GL+4,200
3F
GL±0
2F
GL−4,200
1F
GL−8,400
B1
GL−12,600

GL+21,600
GL+16,600
4F
GL+12,400
3F
GL-8,200
GL+4,200
GL±0
GL-4,200
GL-8,400

Section

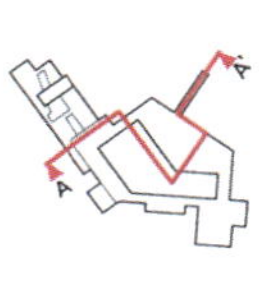
A
A'

0
5M
15M
30M

Perspective

View from the Roof garden

View from the Duteopbawi-gil

View from the Bridge

View from the Main Lobby

INFINITE SPACE

현대의 LIFE STYLE에 대응하는 도시 속 새로운 공간 제시

김현재 | Kim Hyun Jae

우리는 이제 한곳에 머물러서 생활을 하기보다는
끊임없이 이동하면서 생활을 하고 있다.
사람들의 활동 범위가 넓어지고 있는 이러한 상황에서
그들의 삶에 좀 더 적극적으로 대응하는
건축물을 만들어보고자 하였다.
고정된 하나의 장소에서 하나의 프로그램에
대응하는 것이 아닌
유동적인 장소에서 유동적인 프로그램을
수용하는 건축물.
그것이 이 프로젝트의 목적이다.

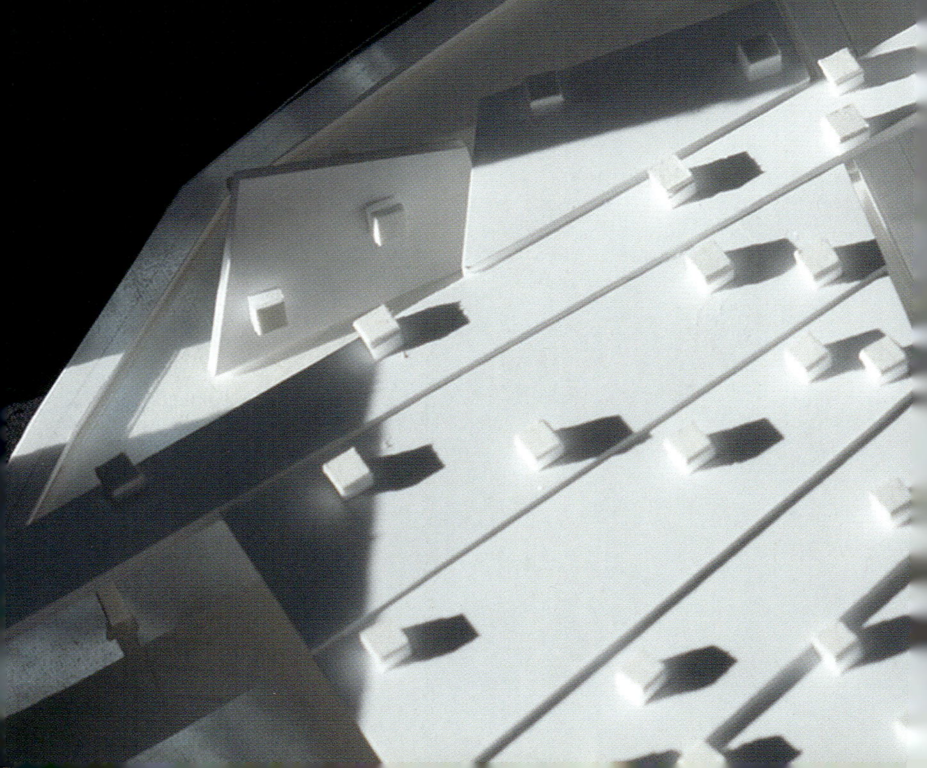

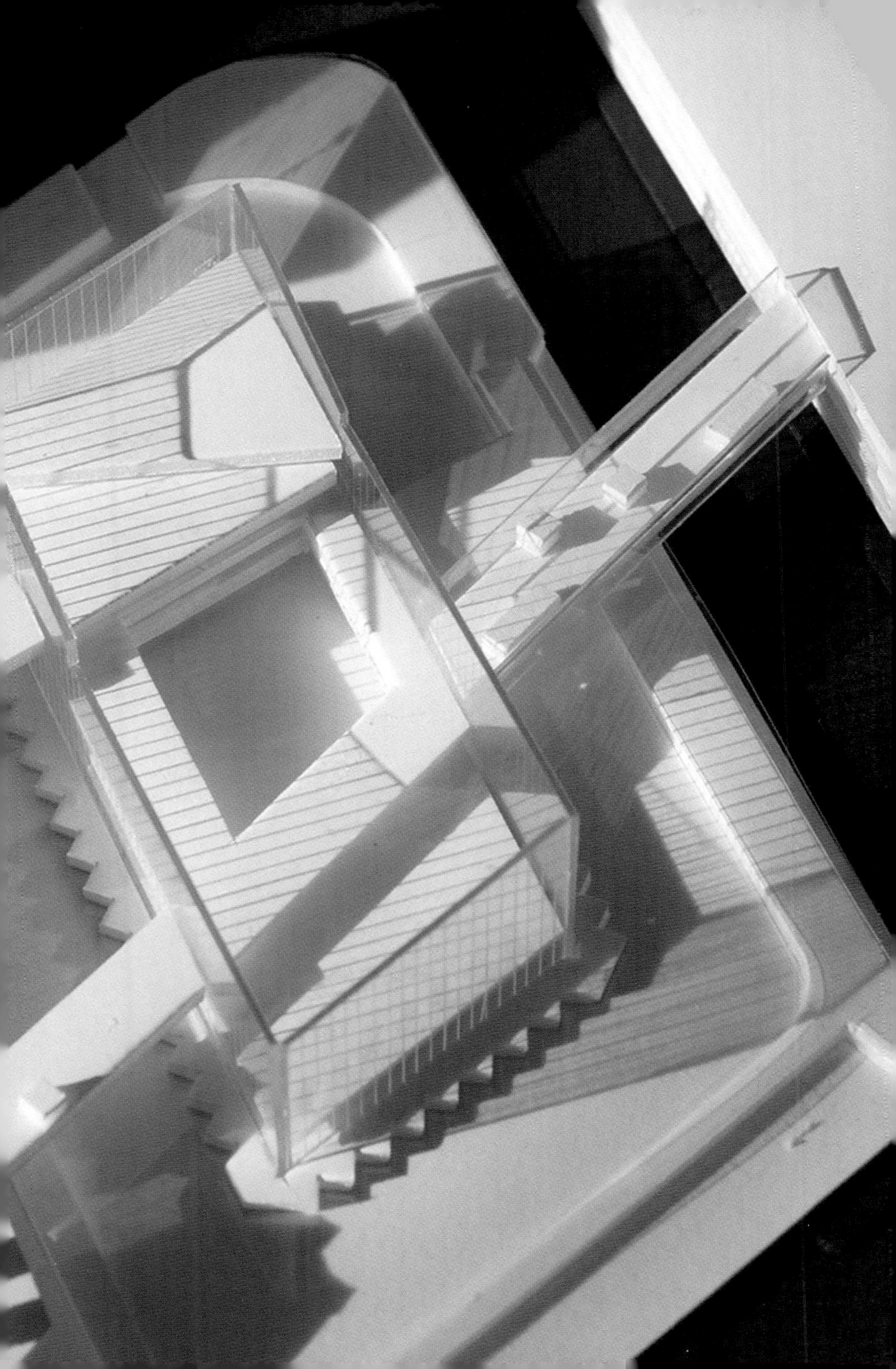

공간의 제약을 벗어난 Life Style의 등장

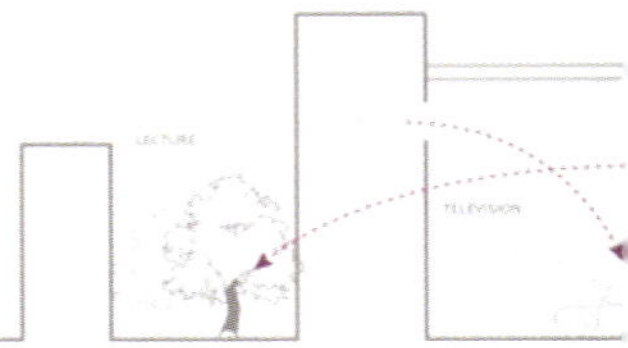

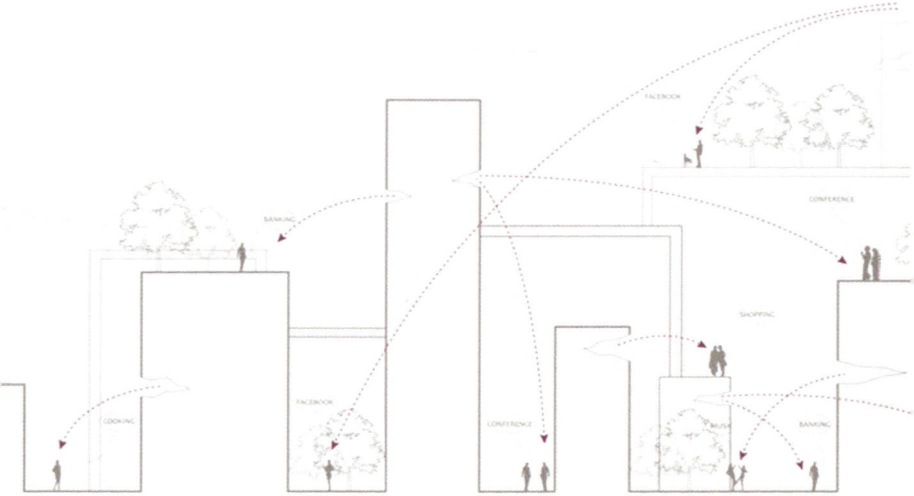

"기술이 인간을 자유롭게 하리라." 이 문장이 현재의 Life Style을 가장 명확하게 한 문장으로 정리한 것이라고 할 수 있다. 기술은 발전했고, 사람들을 그 기술을 이용한다. 하지만 도시는 크게 변하지 않았다.

우리는 이제 물건을 사기 위해 꼭 밖을 나가지 않는다. 친구와 영화를 보기 위해 반드시 영화관을 갈 필요도 없다. 보고 싶은 방송을 위해 뛰어갈 필요도 없다. 그 자리에서 바로 볼 수 있게 되었기 때문이다. 기술을 우리 생활 깊숙히 들어왔으며, 생활 전반을 바꾸어 놓은 것이다. 이는 긍정적인 측면도 있으며, 또한 부정적인 측면도 따라온다. 하지만 중요한 것은 모든 것은 변화했고, 우리는 그 중심에서 살고 있다는 것이다. 변화를 막을 수 없다면, 변화를 이끌어가면 되는 것이다.

건축 공간은 과거에서부터 현재까지 새로 생겨나고 사라지고, 변화하고를 반복하였다. 시대별로 사람들의 생활이 변화하였기 때문이다. 현재 변해버린 세상과 다르게 건축 공간은 크게 변화하지 않고 정체되어 있다. 이 프로젝트는 새로운 Life style에 대응하는 새로운 공간에 대한 제시로써, 도시의 새로운 모습을 제시하고자 한다.

“ No Building, No Program! ”

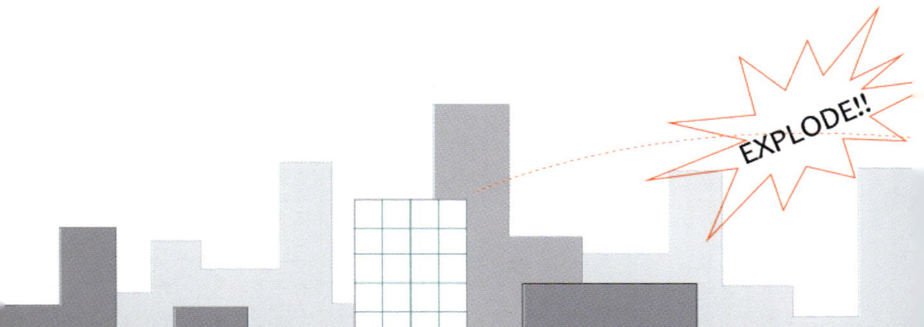

한 장소에 고정된 건물의 형태로 된 공간은 iNFINITE SPACE로 적합하지 않다. 사람들이 이용하기 위해 자신이 다니던 동선에서 벗어나 새로운 목적 동선을 만들어야 하기 때문이다. INFINITE SPACE의 요점은 자신이 생활하는 공간에 존재해야 한다는 것이다. 때문에 기존의 건물로는 이 조건을 충족할 수 없다. 수많은 공간이 적층되어 있는 건물이 아닌 각각의 공간이 독립되어 소형 공간들이 도시 곳곳에 위치함으로써 사람들의 요구를 충족할 수 있다. 모여 있던 공간을 해체하여 퍼트리는 것이다.

공간의 분해와 함께 프로그램 역시 같이 분해된다. 공간에 존재하던 프로그램이 수많은 ACTIVITY로 나누어지는 것이다. 정해진 PROGRAM만 사용할 수 있던 공간에서 자신이 원하는 ACTIVITY를 선택하여 이용할 수 있는 공간으로 변화한 것이다.

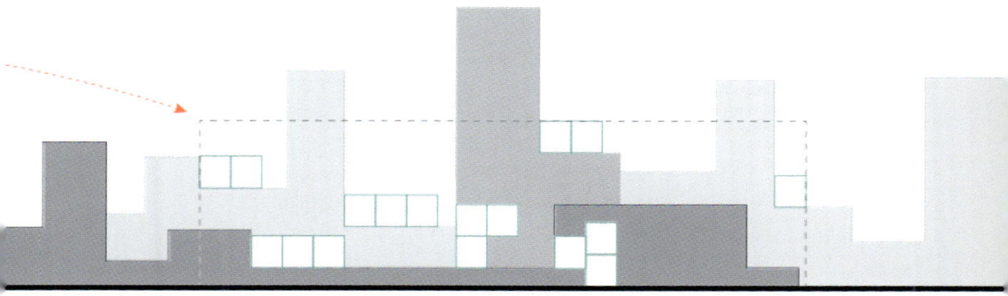

INFINITE SPACE는 도시공간 전체를 대상으로 한다. 한 장소에 고정되어 있는 것이 아니라, 도시공간에 존재하는 공원, 도심지, 주거지, 도로 등 이 모든 것이 INFINITE SPACE의 Site이다.

INFINITE SPACE는 현대 기술이 만들어 낸, 현대 기술이 요구하는, 현대인의 삶에 대응 하는 새로운 공간이다. 기술의 집약체라고 할 수 있는 Smart phone은 우리의 모든 생활을 바꾸어 놓았다. 이렇게 변화된 생활은 또 다른 공간을 요구하게 되었고, 그 공간 역시 이러한 기술에 의해 탄생된 것이다.

INFINITE SPACE는 어떠한 프로그램도 제공하지 않는다. 기존의 건축 공간들은 프로그램을 제공하는 건축 공간들이 대부분이었다. 프로그램을 이용자에게 제공하지 못하면, 공간의 존재 이유가 사라지기 때문이다. 하지만 시대가 변하고 우리의 생활이 변화하였다. 공간의 프로그램을 제공할 필요가 없는 것이다. 우리는 어디서나 선택적인 Activity가 가능해진 시대에 살고 있다. 공간이 프로그램을 제공하지 않아도, 우리는 공간을 자신의 원하는 성격에 맞게 사용하게 된 것이다. 프로그램을 제공하지 않는 Activity를 담는 공간 그것이 INFINITE SPACE의 핵심이다.

“ Anytime, Anywhere, Anyone, Anything ! ”

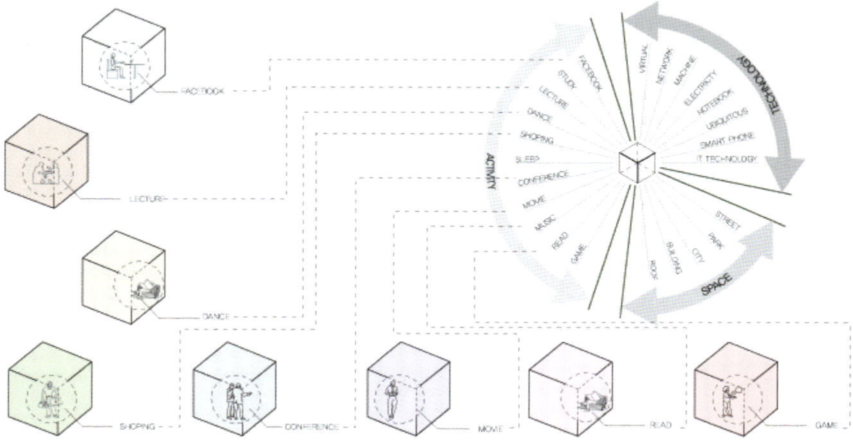

CASE – PARK

공원에서 우리는 많은 활동을 한다. 누군가는 공부를 하고 누군가는 그림을 그리고, 사람들은 저마다의 일을 하고 있다.
하지만 그곳은 완벽하게 개방된 열린공간으로 타인과 나 사이에 벽이 존재하지 않는다. 이러한 이유로 공원을 찾는 사람도 있고, 도움을 받는 사람도 있다.
하지만 때때로 이러한 개방을 조금 줄여 주는 공간이 있다면, 더 재미있는 공원이 될 수 있지 않을까.
열린 공간으로서의 공원을 방해하지 않으며, 부분적으로 개인적인 공간을 만들어내주는 것이다.
이 공간은 야외에서 일어나는 많은 활동을 담게 될 것이다.

EXPERIMENT

LOCATION

– 서울특별시 광진구 일대

HISTORY

– 1980년 강변역이 만들어지고, 1990년 동서울 터미널이 완공되었다. 현재의 강변역 일대의 풍경이 만들어지기 시작한 시기이다. 이후 서울의 관문이자 교통시설의 접점으로서 기능을 수행하고 있다.

REASON FOR SELECTION

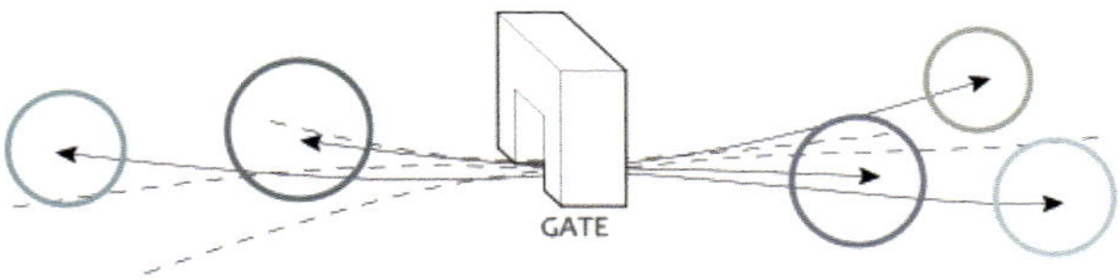

– 새로운 도시공간의 실험 Site로 서울을 진입하는 하나의 관문과 같은 역할을 하는 동서울 터미널을 Site로 선정하였다. 서울이라는 도시로 진입하는 공간이라는 상징적 의미와 도시 속 새로운 공간인 TT INFINITE SPACE가 섞여 새로운 IDENTITY를 만들어낼 것이다.

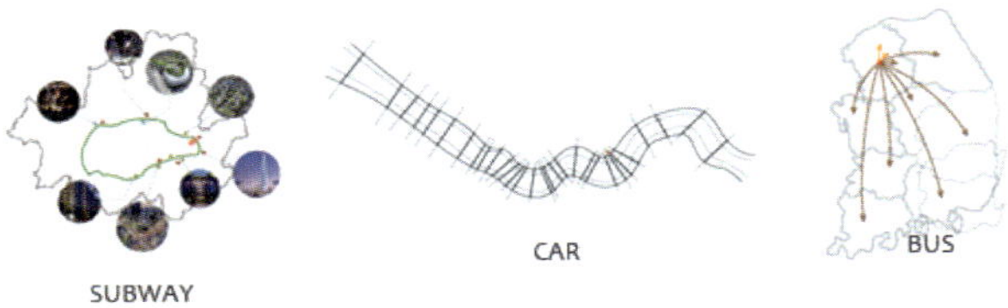

– 동서울 터미널은 서울에서 가장 많은 유동인구를 보유한 지역은 아니지만, 유동인구의 목적이 다양하다. 전국에서 사람들이 이곳을 찾아오며, 남녀노소, 직업도 다양하며 그들이 이곳을 찾는 목적도 다양하다. 또한, 시외버스 외에도 시내버스, 전철, 고속화 도로로 인해 더욱더 다양한 유동인구가 모이는 장소이다.

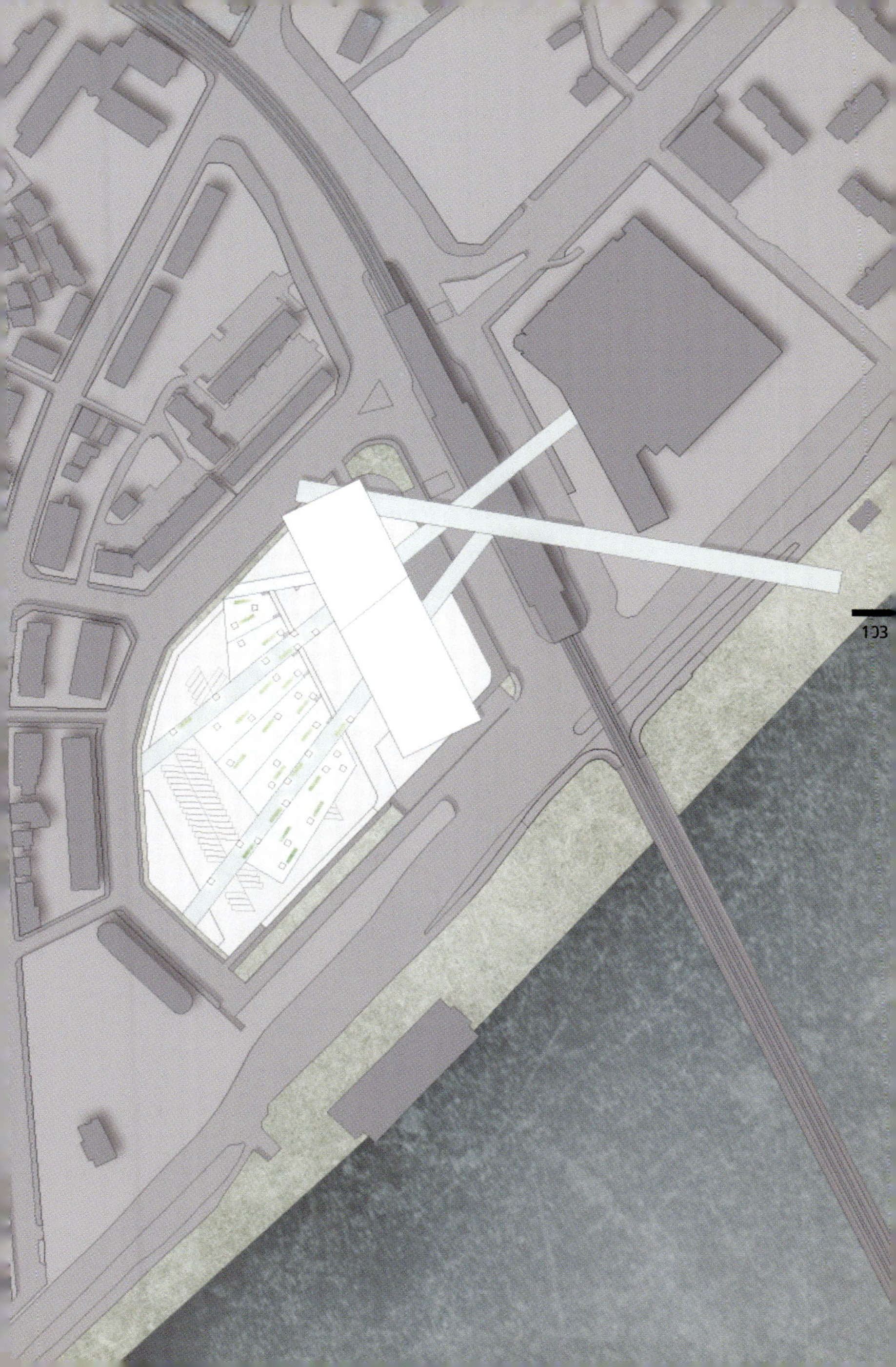

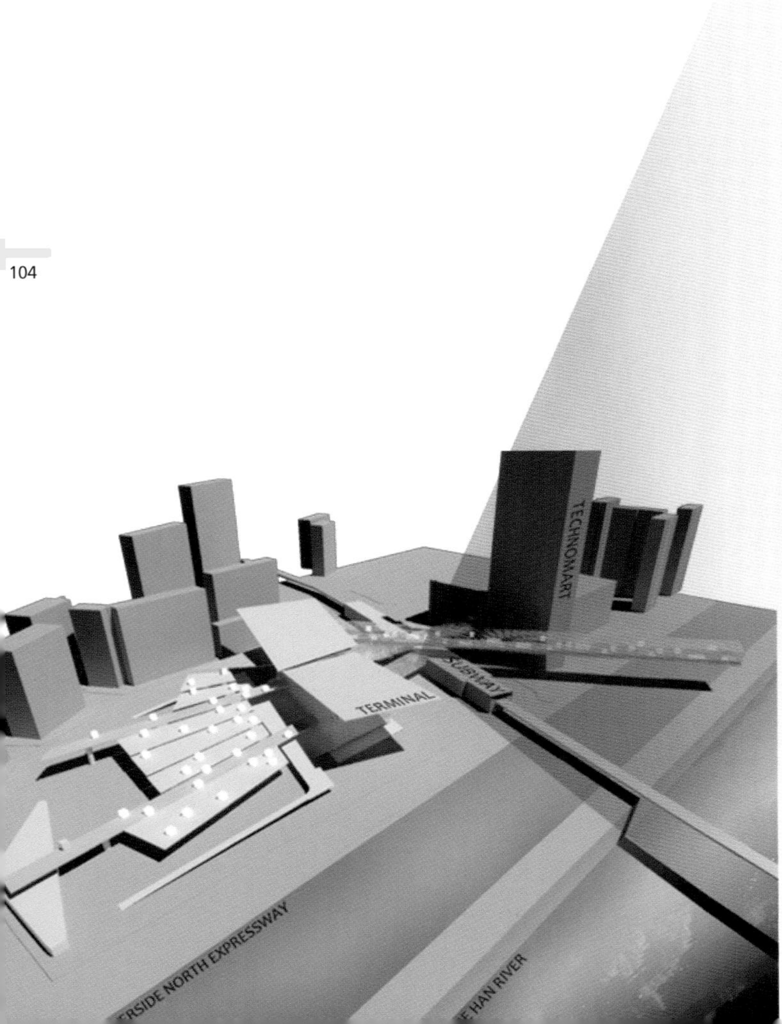
TECHNOMART
SUBWAY
TERMINAL
ERSIDE NORTH EXPRESSWAY
E HAN RIVER

DN

MODEL

II

NEW CITY

II

NEW GENERATION

INFINITE SPACE는 사람들의 모든 생활 속에 녹아들 것이다. 그로 인해 이는 도시 속의 새로운 아이콘으로, 거리의 풍경을 바꾸어 놓을 것이다. 사람들은 이 공간에 대해 지속적으로 생각하고, 활용하는 방안을 내놓을 것이며, 이는 새로운 도시 공간의 시작이다. 한 곳에 오래 머무르지 않고 이동하면서 바뀌어버린 우리의 생활에 대응하는 임시적인 휘발성 공간. 새로운 도시의 시작이다.

INTANGIBLE CULTURAL ASSET CENTER

between In–Wang Mt. and Ogin–dong

이승수 | LEE, Seungsoo

無形文化財

ON THE URBAN-EDGE

between In-Wang Mt. and Ogin-dong

PROLOGUE

현재 국가에서 지정한 무형문화재인은 551명 정도이며 국가지정과 시도지정문화재로 나뉜다. 잠재적으로 매년 40~50명 정도 심사를 거쳐 추가가 되며 정부에서도 무형문화재 발굴에 힘을 쓰고 있다. 하지만 이런 무형문화재의 선정에는 근본적이며 큰 문제가 있다.

본래 문화재라는 것은 문화 활동에 의하여 창조된 가치가 뛰어난 것으로 대한민국만의 문화가 담긴 것이다. 그리고 무형문화재라는 것은 그 활동과 창조과정을 지닌 사람이다. 하지만 무형문화재를 지정해 활동을 지원하며 **인정하는 것은 불과 50년 밖에** 되지 않는다. 과연 수백 년 전의 문화를 이어온 장인들이 정말로 과거의 순수한 모습을 반영하고 있는 것일까?

수백 년의 역사가 지나며 한 나라의 정체성은 이어져온 문화에 의해 정해진다고 해도 과언이 아니다. 그리고 이를 문헌이나 남아있는 문화재들을 보존하며 후손에게 물려주는 것인데 무형문화재의 보존, 전수에 큰 문제가 있다.

50년 전 문화재보호법에 의한 무형문화재의 인정은 해방 이후 진행되었는데 지금도 마찬가지로 무형문화재를 몇 몇 **개인이 심사** 후 지정하는 것이다. 당시 보유자의 실기를 **원형으로 추정만** 하여 국가가 공인한 것일 뿐이다. 전통기능과 예능이 현대산업과 예술에 자연적으로 연결된 서구와는 달리 전승에 어려운 시기가 있었음을 감안하면 당연한 것이지만 지정한 사람과 같은 종목의 사람이지만 조금 다르다면 이를 **원형이 아니라며 인정을 해주지 않는다**. 순수 원형에 대한 신성불가침은 보유자에게 특권을 신장하게 되어 무형을 유형문화재처럼 고착화시켜 **창조적 계승을 불가능하게** 하고 있다. 인간의 역사와 함께 전승되어온 무형의 성질상 통시적인 **순수한 원형이랑 존재할 수 없는 것이다.** 또한 보유자의 능력을 능가하더라도 **계보에서 이탈**되어 있으면 보유자로 인정이 되지 않는다.

TARGET1

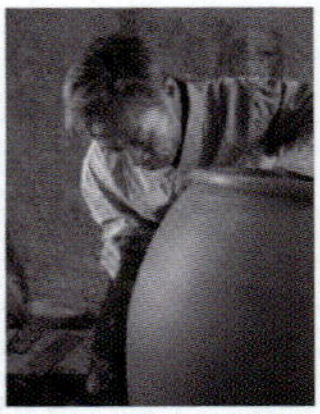

사물은 사실적인 문화재이기에 보존, 존속이 가능하다. 하지만 무형문화재는 사람에서 사람으로 이어져온 것이다. 한마디로 **과거에서 지금 현재까지의 문화를 전승하고 있는 것**이다. 원형이라는 것은 과거의 사물에게만 있는 것이지 **원형은 존재할 수 없다.** 하지만 이를 정부에서 지정하여 몇몇 사람들에게만 지원하고, 이를 보유자의 계보에게만 지속적으로 주어 **인정 못 받은 사람들**은 전승활동을 못하게 하고 있다.

비인정 무형문화재를 인정하여 지원해주면 되는 것일까? 현재 지정되어 지원을 받으며 살아가는 무형 문화재인들을 보면 두 부류로 나뉜다. 인기종목과 비인기종목으로 나뉜다. 인기종목은 100만원의 지원금이 없이도 살지만 비인기종목의 보유자는 계승후보자도 없이 단칸방에서 열악한 환경 속에서 전승활동을 하고 있다.(ex. 화살하나를 만드는데 6개월이 걸리는 전통방식을 이어오는 장인은 팔리지도 않는 것을 월 100만원을 받으며 많은 비용을 소모해 전승활동을 하고 있다) 그래서 현재 국가지정 중요문화재 126개 중 36개 종목(28.8%)는 보유자가 없거나 기술전수자가 없다. 국가최고의 장인이 연봉 1500만원을 받으며 생활하니 정책상 서열 아래의 사람들은 자연스럽게 활동을 할 수 없는 것이다.

이런 환경 속에 무형문화재로 인정된 장인도 전승활동이 어려운데 비인정 무형문화재인들에게 전승활동의 단절은 당연한 것이다. 2013년도 조사대상인 **57명의 장인들**과 아직 조사 대상에 포함되지 않는 이들에게 보다 현실적인 자생적 전승활동을 장려해주어야 한다.

TARGET2

서울의 인구수는 어느덧 1000만을 넘어섰다. 한국의 수도로 가장 큰 도시이지만 한 나라의 1/5이 거주하는 밀도 높은 도시이다. 현재는 어디를 가더라도 건물들이 빽빽이 들어서 있으며 새로 개발한 공원 몇 개 만이 시민들에게 휴식의 공간으로 다가온다. 하지만 이런 휴식도 일시적인 것일 뿐 그들에게 긴 휴식이 되어주지 못한다.

사람들은 힘든 생활 속에서 항상 **도피**를 하고 싶어 한다. 한적하고 처음보지만 우리에게 익숙한 정적인 문화적 모습이 있는 곳이 상상만 해도 마음이 편안해지는 것을 보면 모든 도시인에게 필요한 것 같다. 우리 삶에 있어 도피는 그럼 무엇일까? 예상컨대 **물리적 거리**가 우리에겐 크게 작용하는 것 같다. 도시를 떠나 밖으로 나가 도시의 모습을 잊고 정적인 문화에 취하며 여유를 갖는 것을 원할 지도 모른다. 하지만 물리적 거리는 바쁜 도시인들에게 큰 문제이다.

우리가 도시 속에서 여유를 자연과 함께 휴식을 취함은 어렵지 않다. 무려 21개의 산이 서울에, 우리 가까이에 있다. 하지만 이를 정작 이용하는 사람들은 인구수에 비해 적다. 최근 들어 사람들이 조금 늘어났으나 아직 수는 미미하다.

산이 많은 우리나라의 특색을 살려 단순히 **자연경관**을 보존하는 휴식처가 아닌 **다채로움과 문화적 맥락**에 이어 휴식처가 존재한다면 서울 도심의 사람들에게 가장 알맞은 휴식처라고 할 수 있다. 그들이 쉽게 접근해 도시의 모습은 잊고 자연의 환경 속에 우리의 문화적 맥락을 느낄 수 있는 장소가 필요하다.

PROGRAM

무형문화재인들에게 가장 필요한 것은 함께 그들이 이어나갈 수 있는 터전과 활발한 전승활동이 생계도 이어나갈 수 있는 공간, **터 이상의 사회**를 만드는 것이다. 단칸방에서 남들에게 주목받지 않으며 열악하게 살아가는 것이 아닌 시민들에게 전승을 보여주며 그들과 함께 나누는 것이다. 이런 **시민과의 교류**는 무형문화재 지정을 떠나 대중에게 **평가** 받을 것이다. 원형에 주목하지만 원형의 모호성을 가지고 있는 무형문화를 시대가 흘러 발전, 재창조 되어 시민들에게 친근하게 다가가며 나아가 외국인들에게 단순히 옷만 걸치고 정해진 행동만 하는 경복궁 앞의 모습과는 다른 **진정성 있는 문화를 교류**할 수 있는 장(사회)가 필요하다. 또한 지방에서 시작된 비인기 무형문화를 이끌어 그들이 사람들과 교류를 통해 발전해야 한다. 지방에만 존속하며 지방 공연에서도 사람들에게 외면당하는 문화를 사람들에게 알려 전승, 전수에 힘을 얻어야한다.

무형문화재인들은 지금까지 살아오면서 그들이 바라는 것이 무엇일까? 그들은 생계, 전승활동의 지원도 필요하지만 같은 무형문화재인들과 교류하며 서로 같이 삶을 공유하는 삶, 사회이다. 단지 전승을 하며 작업, 활동을 할때만 그들은 행복을 느끼지만 그들이 활동을 안할 때는 그들은 현실과 괴리감을 느끼며 살아간다고 한다. 주변 사람들과 자신의 이야기도 나누며 활동에 고민을 털어놓고 싶지만 그들의 주변에는 바쁜 사회인들 밖에 없다고 한다. 그들이 모여 사회를 이루어 살아감은 그들의 이상적인 꿈이다. 그리고 그 사회를 건설하려 한다.

Intangible cultural assets center는 무형문화재인들이 사회를 이루어 살며 그들이 작업공간과 휴식공간이 현실에 지장을 받지 않으며 살아가고 그들의 **자율적인 활동 공개**로 (정부에서는 매년 공연, 공개를 의무적으로 해야한다고 한다) 시민들과 함께 활동을 한다. 또한 비인기의 종목에 대한 계승자를 얻으며 그들의 활동이 재평가되어 인정을 받는 장이 형성된다. 시민들에게는 편안한 공원이며 공연의 장이며 휴식을 넘어선 도원의 개념으로 적용된다.

P3 view

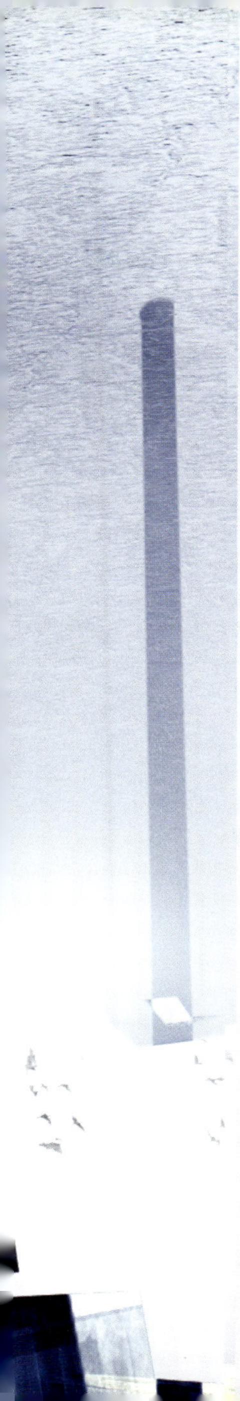

MOVEMENT

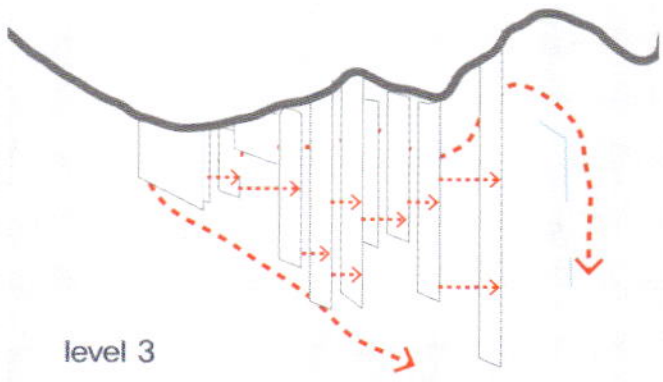

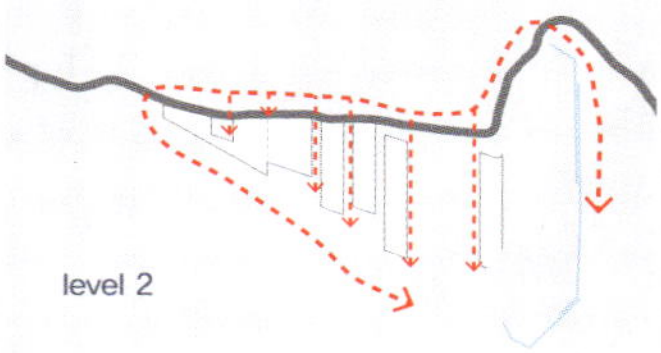

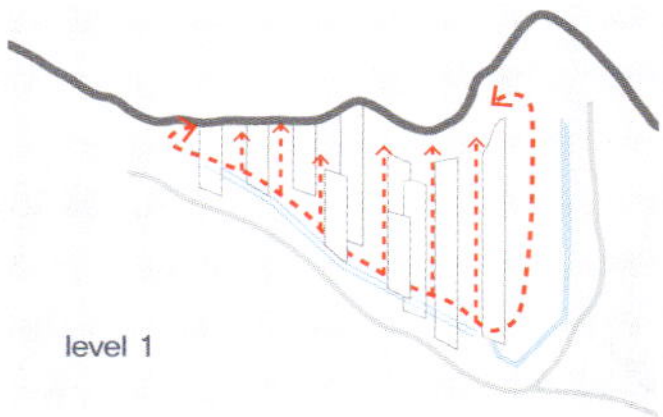

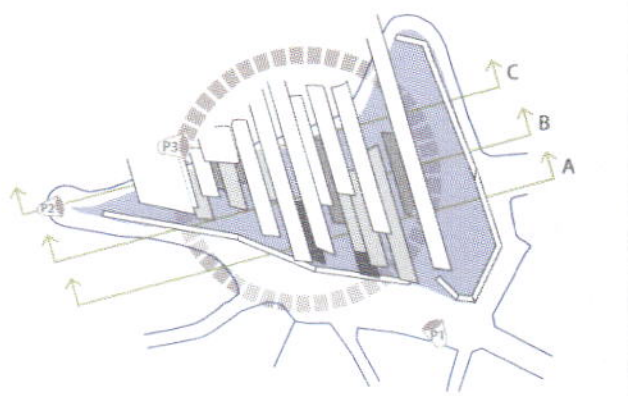

TARGET SELECTION

현재 무형문화재는 551종류(유형별)이다. 본 프로젝트에 들어서는 무형문화재는 39종목의 무형문화재인들이 거주 하게 된다. 이는 문화재청 에서 인정한 전승취약 종목들 중에 50종목에서 지역에 귀속되어있는 문화재를 제외한 종목이다. 이들이 모여 결국 공예분야의 각각의 활동이 예능분야로 이어져 하나의 사회를 구성 한다.

ENTRANCE

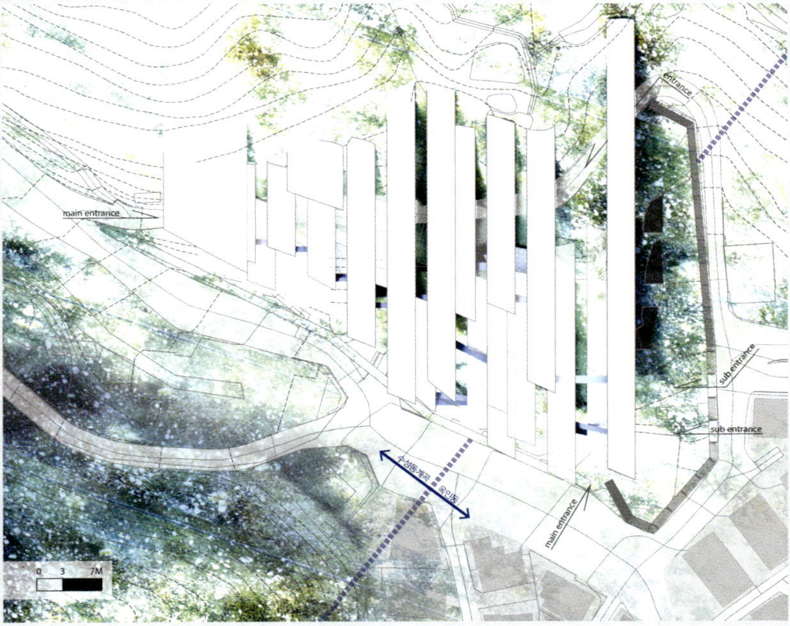

CONCEPT

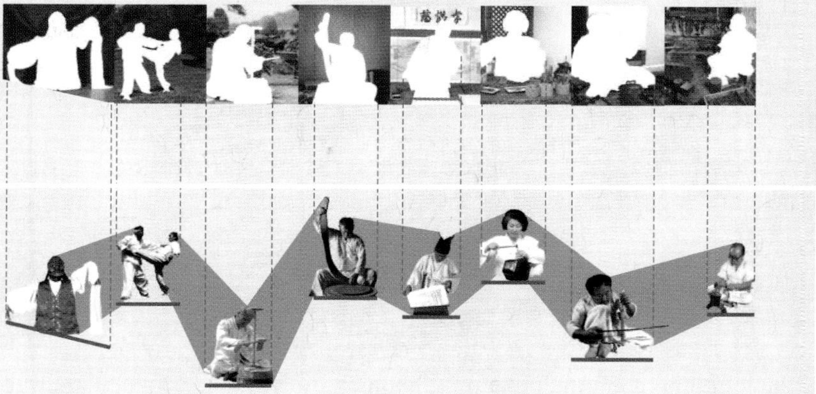

Intangible Cultural Asset
無形文化財
무형문화재
community
공동체
residence
거주권
work activity
작품활동
designation
of cultural asset
문화재인정
work space
공연장소
livelihood
생계
education
disciple
계승자교육
education
space
교육시설
architecture & program
建築
건축
resting place
휴식처
physical distance
reduction
물리적거리의축소
independence
자주성
voluntary
communication
자발적교류
performance
공연
consumption
activity
소비활동
education
교육
spare time
여가활동
tradition culture
전통문화습득
citizen & foreigner
市民外國人
시민외국인

SECTION C

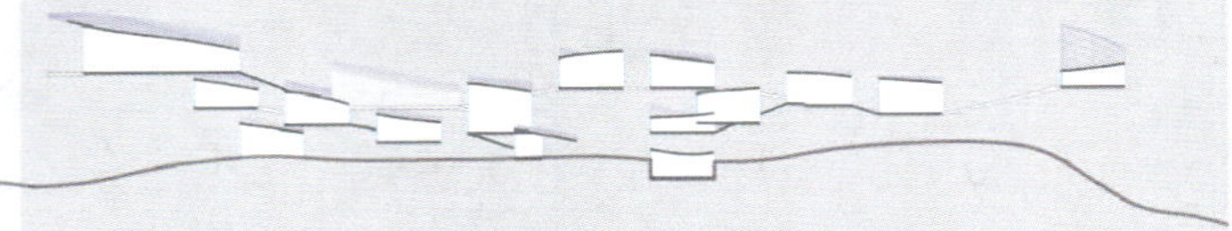

SECTION B

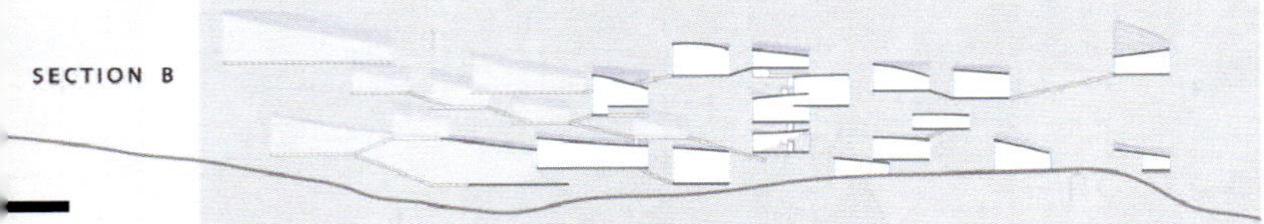

SECTION A

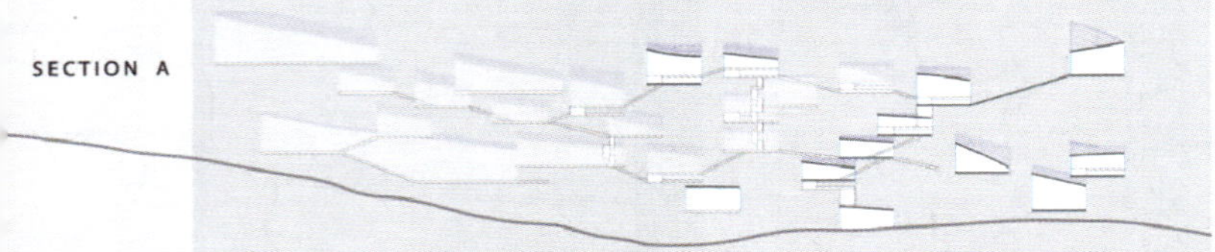

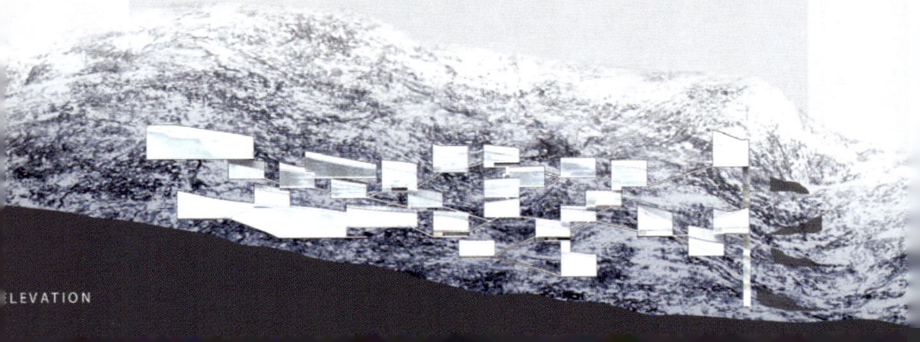

ELEVATION

PROCESS

무형문화재 ⇒

||

예능분야

공예분야

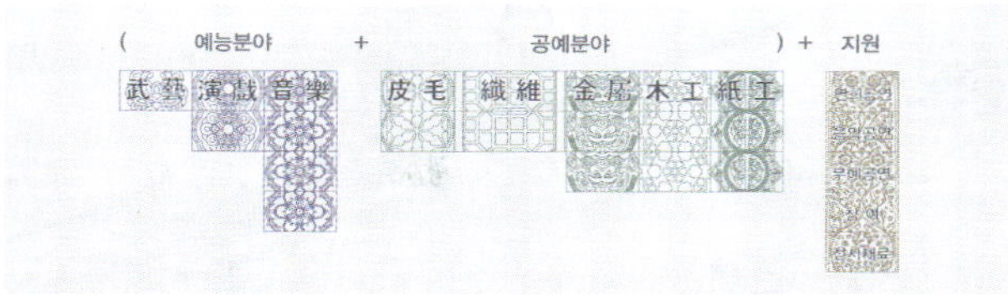

Link ⇒

공예분야

예능분야

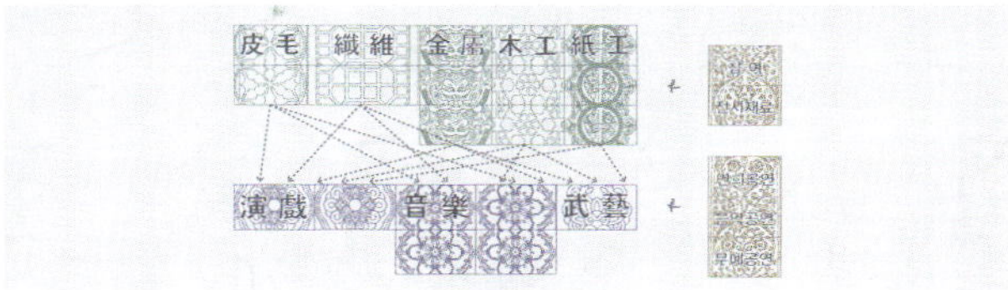

Relink ⇒

공예분야

예능분야

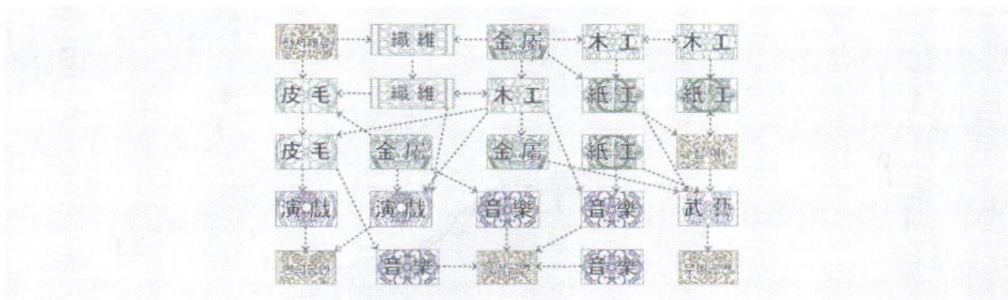

Place& Arrange ⇒

공예분야

예능분야

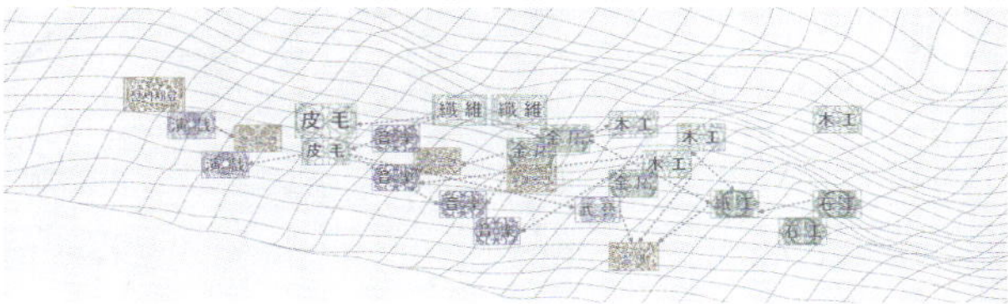

Space constitution ⇒

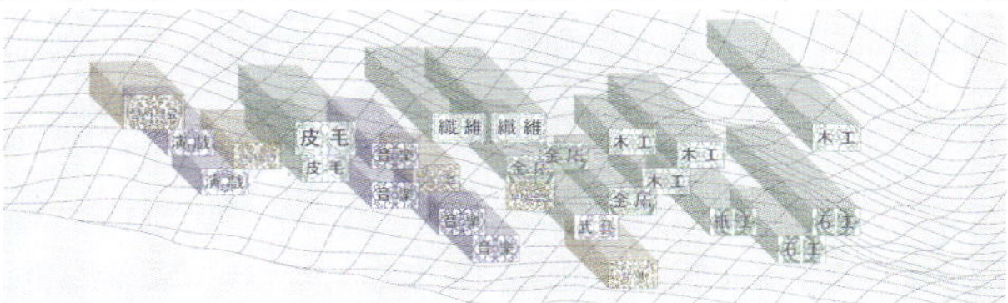

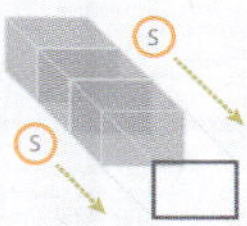

To solve former problems, non–mainstream factions are able to generate 'NEXT CULTURE' through mutual exchanges because of 〈intangible cultural asset on the urban–edge〉. For instance, there are craftsmen who make cloth, dye cloth, make decorations for attaching on a cloth and sing with putting on that. All these people can exchange, constituting a whole society with a circulation in 〈intangible cultural asset on the urban–edge〉.

In conclusion, this project can make past cultures be handed down, by linking and supporting intangible human cultural assets. And this leads to creation of current oriented original cultures.

SECTION

PERSPECTIVE

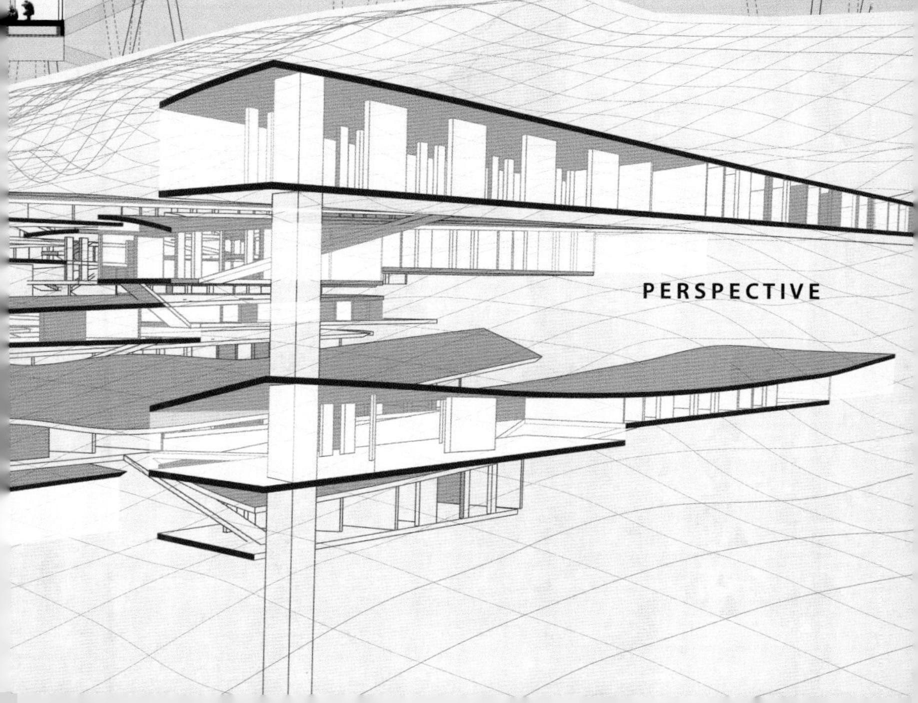

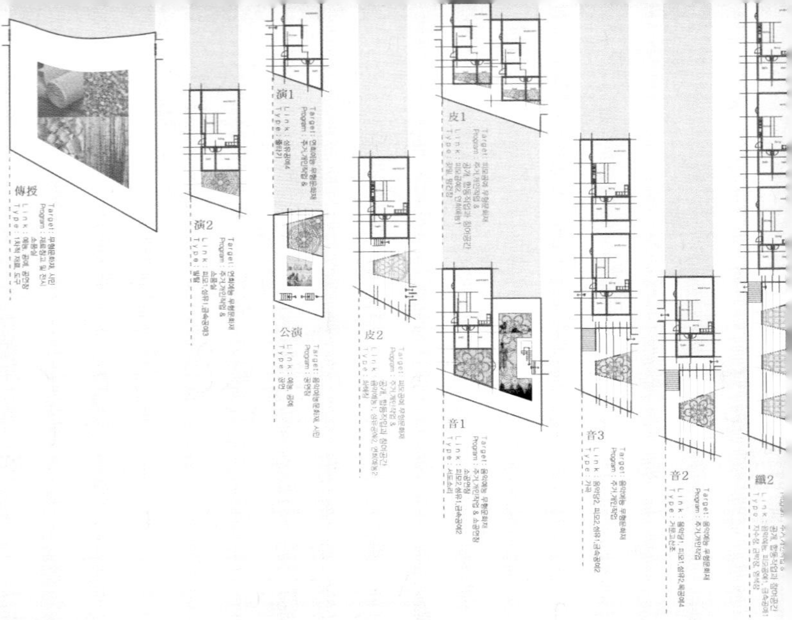

Korea is radically developing, climbing 15 steps in worldwide GDP ranking after 3years of war(1950-53) and the era of colonies(1910-45) for 35years. However, this tapid progress created different side effects on society. Recently, people are beginning to have much interest on cultures native to korea. So, although much attention and supports are applied to tangible cultural assets, intangible cultural assets couldn't became the center of interest. There are no surroundings and societies to exchange traditional cultures for those who are suffered from estrangement in community and problems of hardships of life.

PLAN

scale 1 : 300

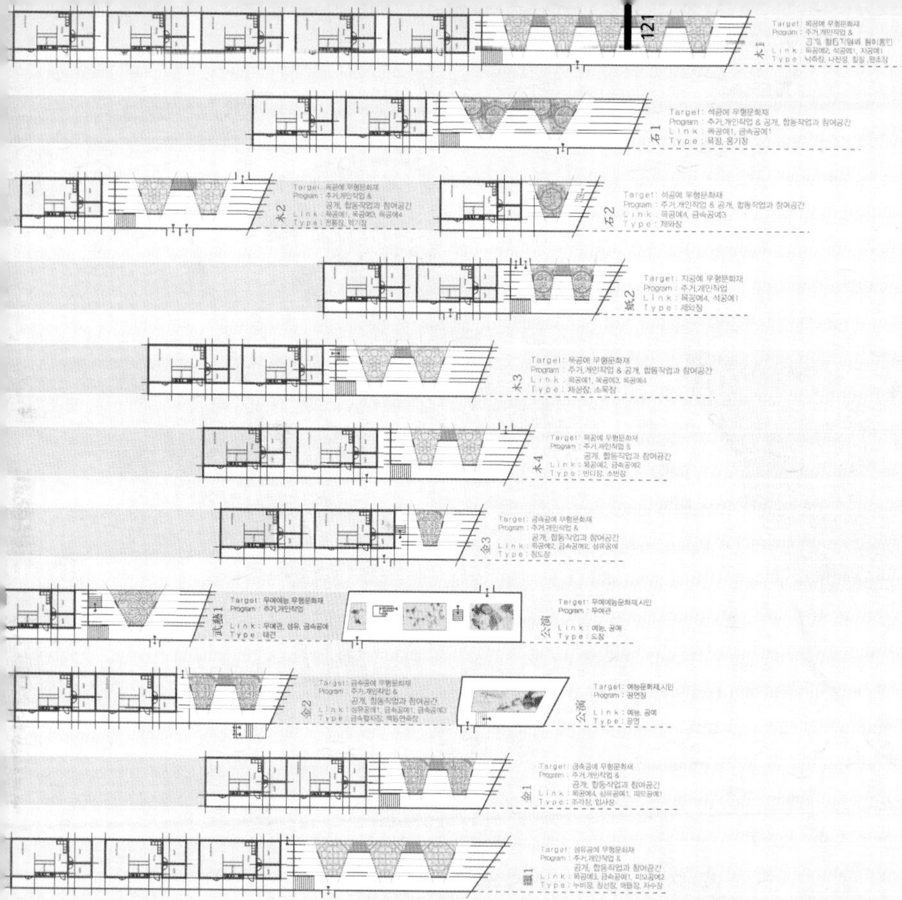
木1
Target: 목공예 무형문화재
Program : 주거,개인작업 &
공개, 합동작업과 참여공간
Link : 목공예2, 석공예1, 지공예1
Type : 낙죽장, 나전장, 칠장, 완초장
石1
Target: 석공예 무형문화재
Program : 주거,개인작업 & 공개, 합동작업과 참여공간
Link : 목공예1, 금속공예1
Type : 옥장, 옹기장
木2
Target: 목공예 무형문화재
Program : 주거,개인작업 &
공개, 합동작업과 참여공간
Link : 목공예1, 목공예3, 목공예4
Type : 전통장, 악기장
石2
Target: 석공예 무형문화재
Program : 주거,개인작업 & 공개, 합동작업과 참여공간
Link : 목공예4, 금속공예3
Type : 제와장
紙2
Target: 지공예 무형문화재
Program : 주거,개인작업
Link : 목공예4, 석공예1
Type : 제익장
木3
Target: 목공예 무형문화재
Program : 주거,개인작업 & 공개, 합동작업과 참여공간
Link : 목공예1, 목공예3, 목공예4
Type : 채상장, 소목장
木4
Target: 목공예 무형문화재
Program : 주거,개인작업 &
공개, 합동작업과 참여공간
Link : 목공예2, 금속공예2
Type : 반디장, 소반장
金3
Target: 금속공예 무형문화재
Program : 주거,개인작업 &
공개, 합동작업과 참여공간
Link : 목공예2, 금속공예2, 섬유공예
Type : 칠도장
武藝1
Target: 무예예능 무형문화재
Program : 주거,개인작업
Link : 무예관, 섬유, 금속공예
Type : 태견
公演
Target: 무예예능문화재,시민
Program : 무예관
Link : 예능, 공예
Type : 도장
金2
Target: 금속공예 무형문화재
Program : 주거,개인작업 &
공개, 합동작업과 참여공간
Link : 섬유공예1, 금속공예1, 금속공예3
Type : 금속활자장, 백동연죽장
公演
Target: 예능문화재,시민
Program : 공연장
Link : 예능, 공예
Type : 공연
金1
Target: 금속공예 무형문화재
Program : 주거,개인작업 &
공개, 합동작업과 참여공간
Link : 목공예4, 섬유공예1, 피모공예1
Type : 조각장, 입사장
纖1
Target: 섬유공예 무형문화재
Program : 주거,개인작업 &
공개, 합동작업과 참여공간
Link : 목공예3, 금속공예1, 피모공예2
Type : 누비장, 침선장, 매듭장, 자수장

AXONOMETRIC
movement analysis & Perspective

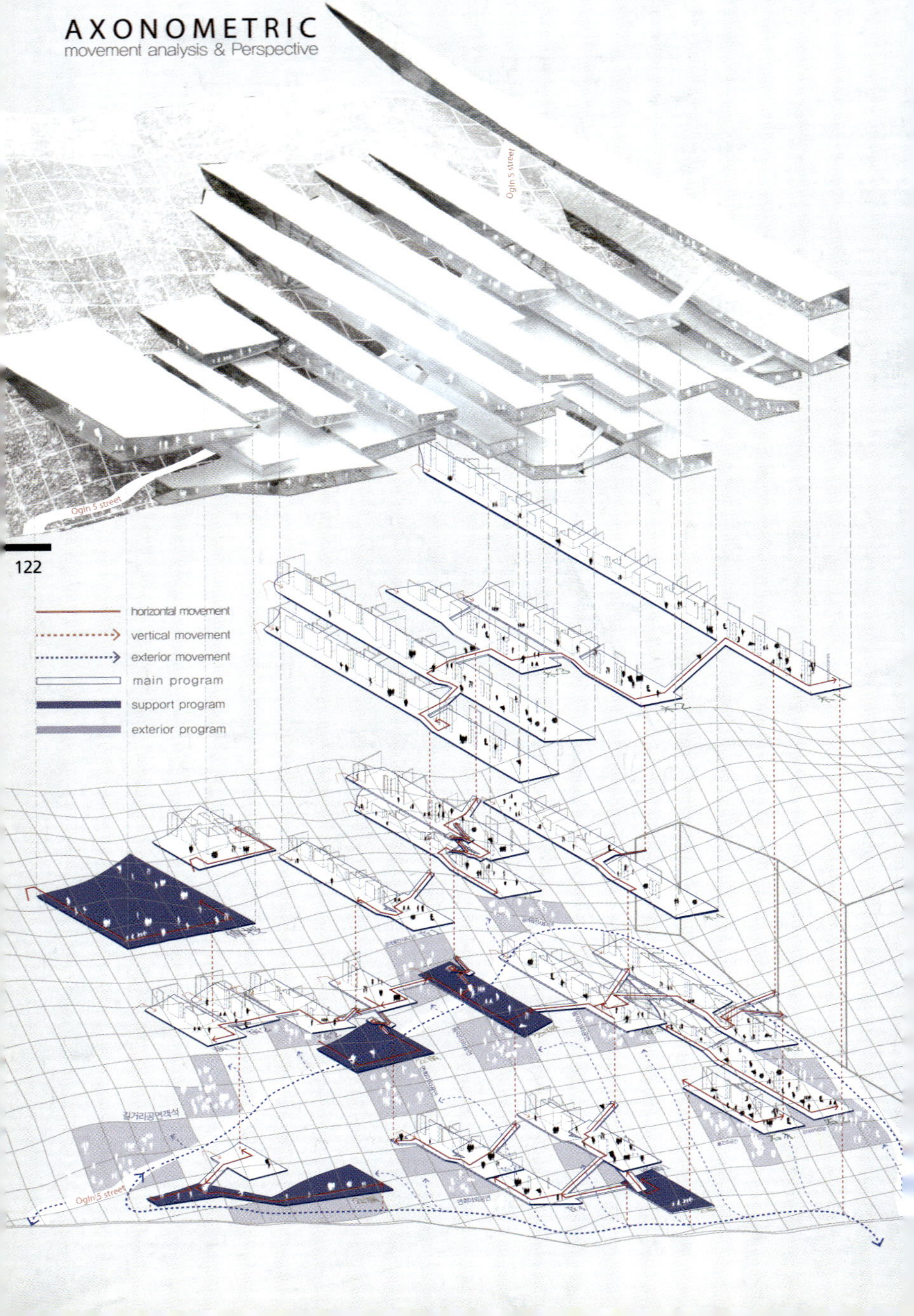

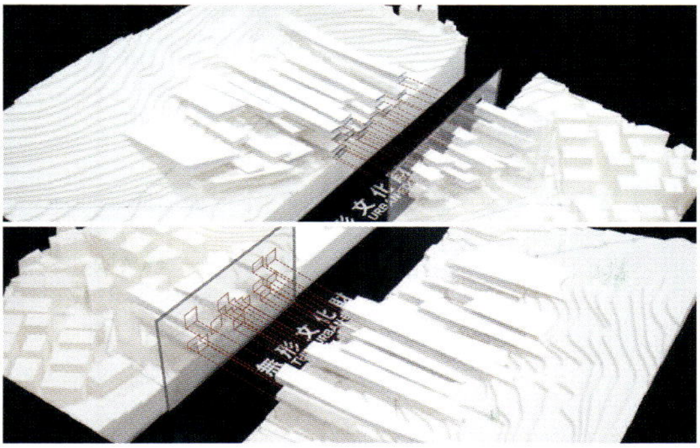

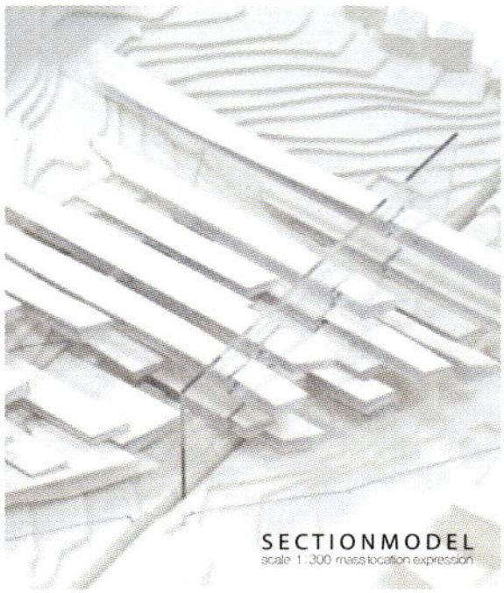

SECTIONMODEL
scale 1:300 mass location expression

SECTIONMODEL
scale 1:100 inside&outsidespace

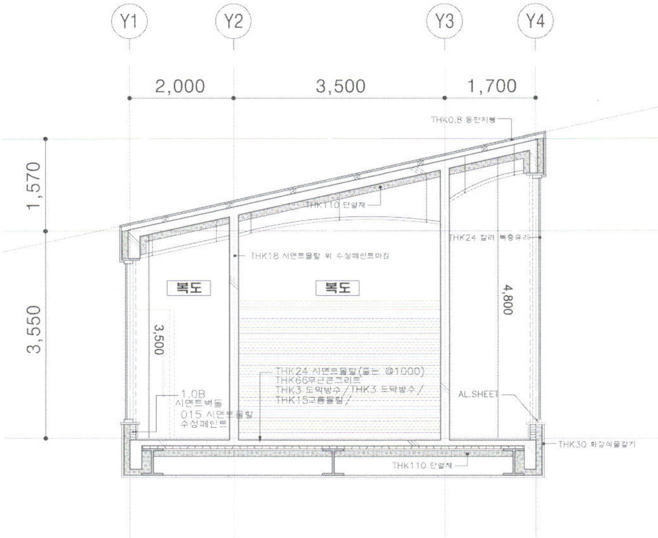

THE MYEONG DONG LIVE

A PROPOSAL ACCOMMODATIONS AND COMMERCIAL FACILITIES FOR THE TOURISTS TO ENJOY THE MYEONG-DONG CITY

이윤지 | Lee, Yoon Ji

1200만 관광시대, '한류열풍' 과 '2010-2012 한국 방문의 해'로 인해 관광객 수가 급증하면서 서울 안의 숙박시설을 찾는 수도 많아지고 있다. 관광객이 제일 많이 찾는 서울 도심 속 명동. 한국 대중문화의 중심지로 유행이 빠르게 변화하는 지역이며, 수많은 플래그쉽 스토어들이 거리를 형성한다. 관광을 시작하기 전 명동이라는 도시의 분위기를 만끽하고, 한눈에 서울의 트렌드를 읽을 수 있도록 하려고 한다. 명동의 거리는 유행의 변화를 'Show-Window'라는 매개체를 통해 보여주고, 마치 수많은 쇼윈도가 겹쳐 있는 이미지를 갖는다. 명동의 문화거리의 중심에 위 치한 대상지에 유행의 변화를 그 시대의 건축물의 내 외부가 도시 명동의 어휘와 가지고 있는 이미지 및 경험할 수 있는 요소를 받아들여 스스로 명동 속 또 하나의 명동을 즐길 수 있는 숙박 및 상업시설을 제안한다.

SITE ANALYSIS

선정한 대지가 속해 있는 명동 속 중앙로변 건물 대부분은 4~6층의 오래된 건물에 리모델링을 한 형식의 저층형 상업시설이고, 대로변 건물들은 고층형 상업 및 업무시설로 분포되어 있다. 대지는 명동의 중앙에 위치하고 있으며, 주변 교통망이 상당히 발달되어 국 · 내외 관광객들의 방문이 수월함을 알 수 있다.

Grain

명동 내 건물 배치의 현황이다. 대부분의 건물들은 건물 사이의 틈이 거의 없을 정도로 다닥다닥 붙어 있다.

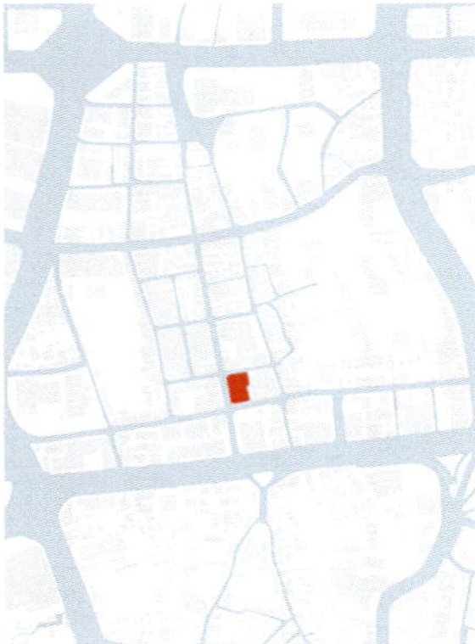

Path

명동 주변의 도로 현황이다. 을지로와 퇴계로 등 명동 블럭을 감싸고 있다.

Commercial

명동 중앙길을 중심으로 상가가 분포되어 있으며, 남대문로를 중심으로 대규모의 백화점 군이 몰려 있다.

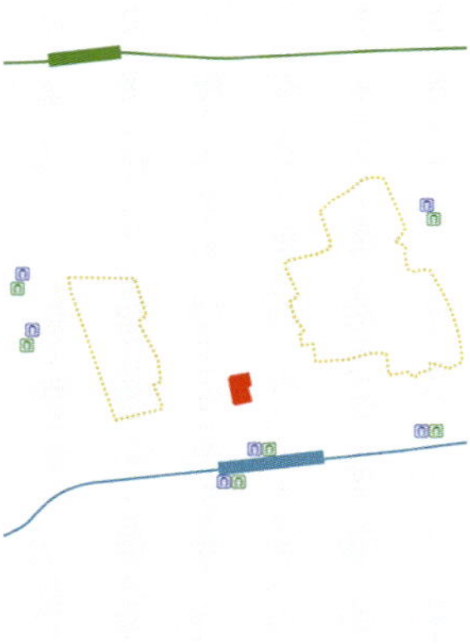

Status of surroundings

지하철과 버스 등 교통수단으로 접근이 용이하며, 주변의 대형 쇼핑몰이 위치하고, 명동성당과 중국대사관이 주변에 위치한다.

SITE PLAN

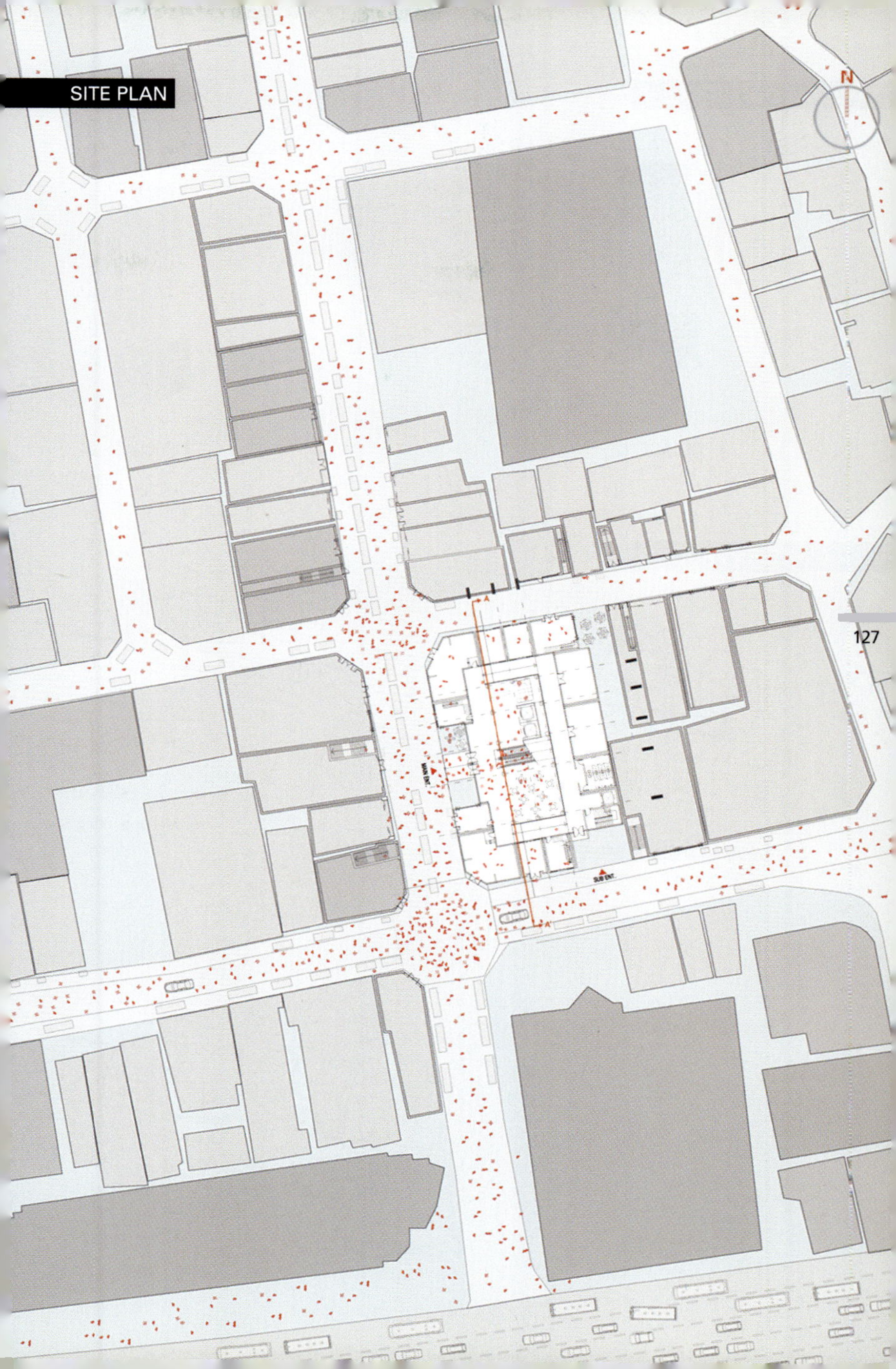

DESIGN CONCEPT

COLLAGE 1

COLLAGE 2

DESIGN PROCESS

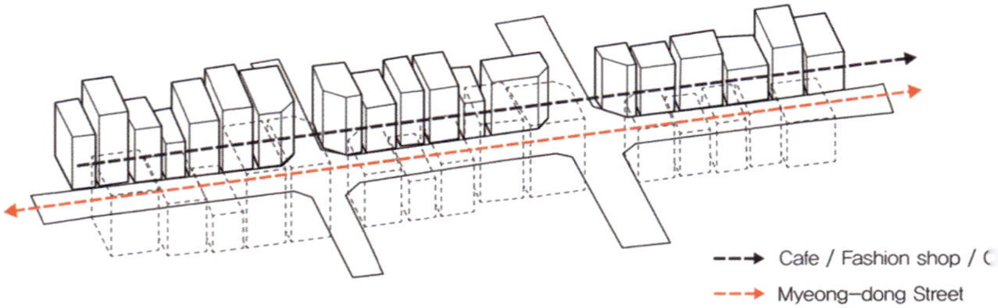

MAIN COMMERCIAL STREET
CAFE / FASHION / COSMETIC

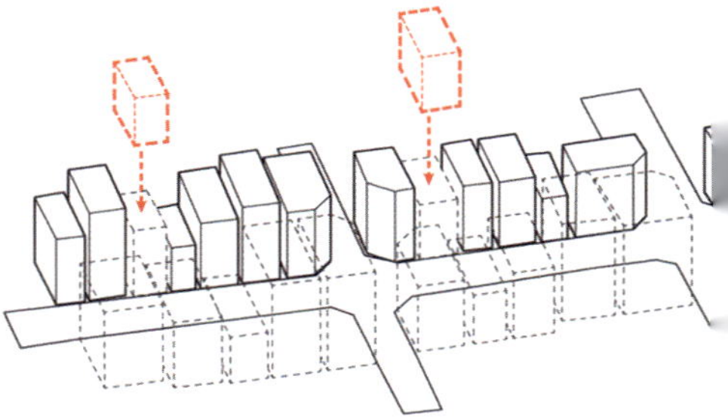

COMMERCIAL + ACCOMMODATION
CAFE / FASHION / COSMETIC + ACCOMMODATION

COLLAGE 3

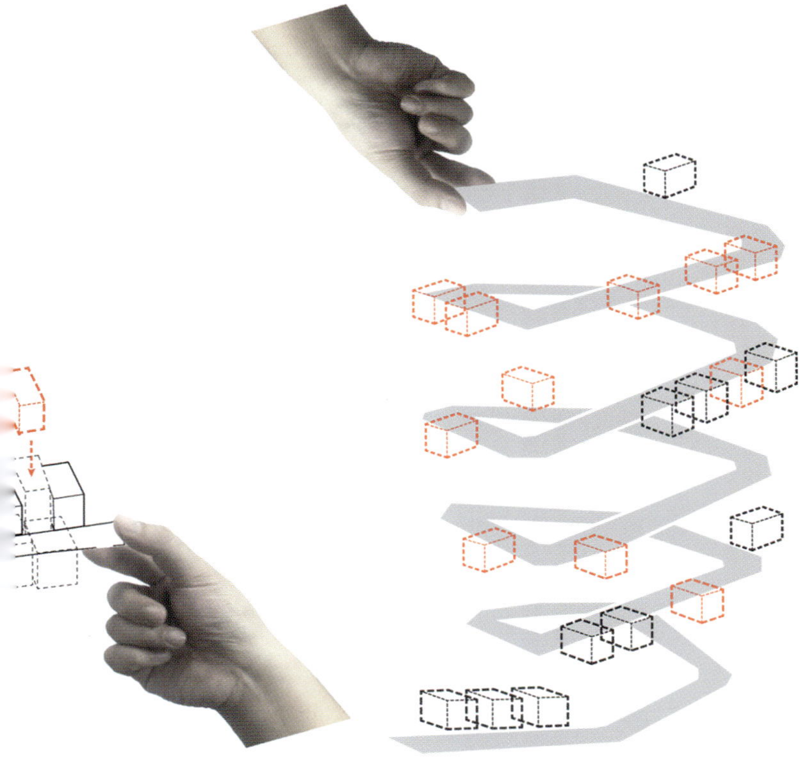

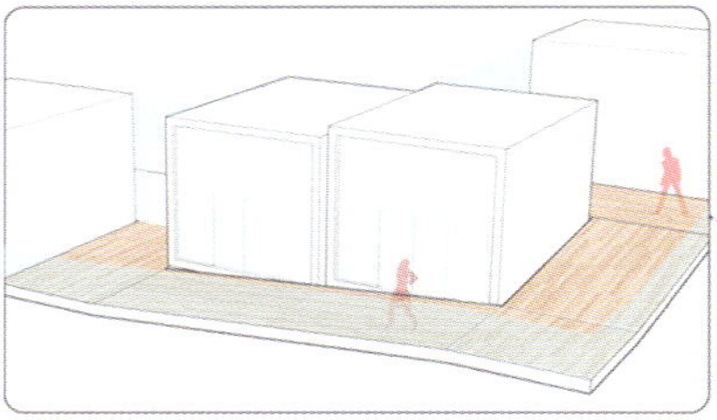

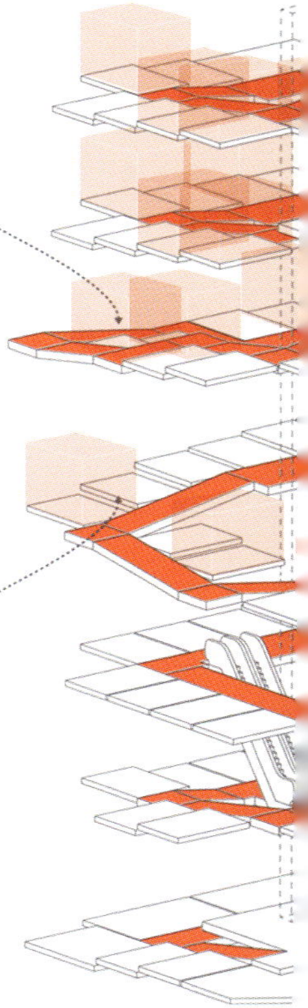

SEQUENCE 1

돌아 올라가는 램프가 중간중간 건물 외부로 튀어 나와 다양한 명동의 모습을 볼 수 있다.

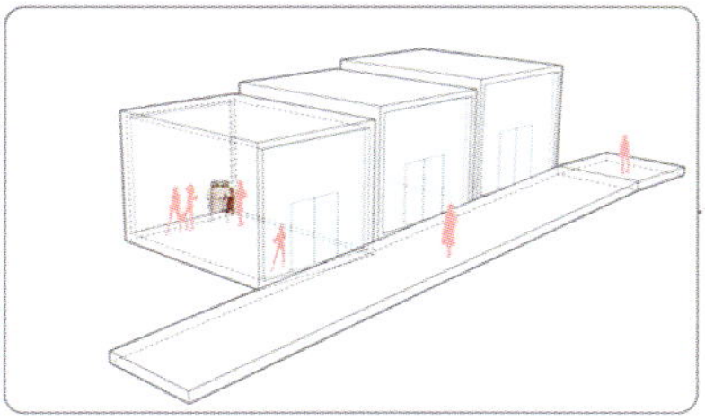

SEQUENCE 2

패션 샵 유닛의 내부 모습

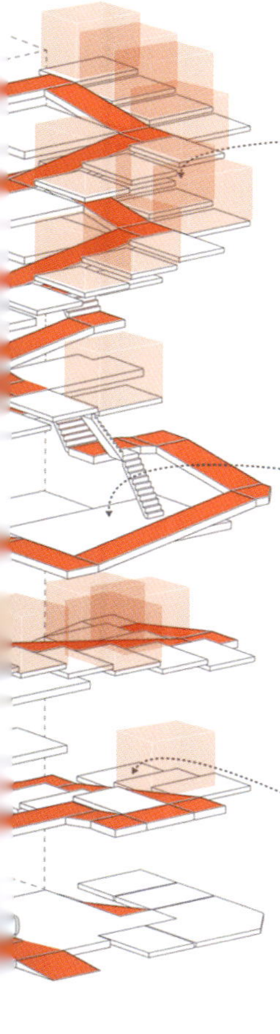

SEQUENCE 3

명동의 길거리가 내려다보이는 객실 유닛의 내부 샷

SEQUENCE 4

연회장, 회의실, 소규모 공연장 등으로 활용가능한 다목적홀

SEQUENCE 5

좁은 가로와 쇼윈도가 다닥다닥 붙어 있는 명동의 가로 특성을 담음

PERSPECTIVE

1. FACADE
2. SHOW WINDOWS
3. COURT
4. LOBBY

2

COFFEE
TONYMOLY
UNIQLO
new balance
Vivienne Westwood
THE BODY SHOP.
innisfree
The Coffee Bean & Tea Leaf
Est. 1963

1

3

THEFACESHOP
Esquire

4

The Coffee Bean & Tea Leaf
Est. 1963
UNIQLO
CHANEL

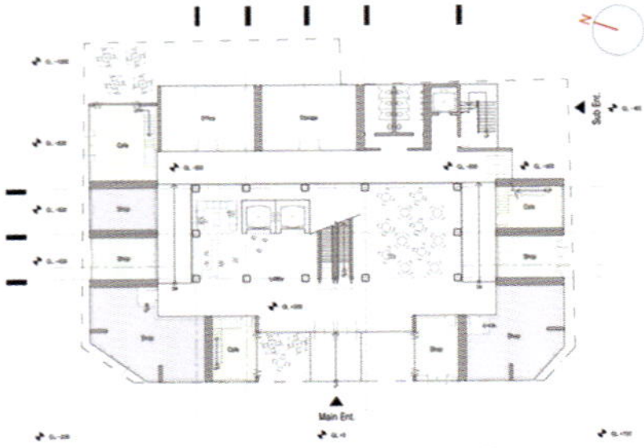

1st Floor Plan

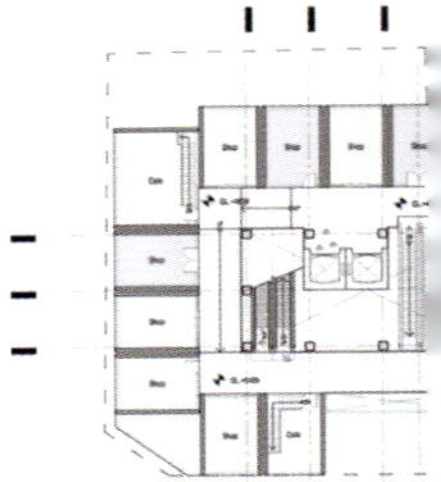

PLAN DRAWING

1. FLOOR PLANS
2. ELEVATION
3. SECTION

oor Plan

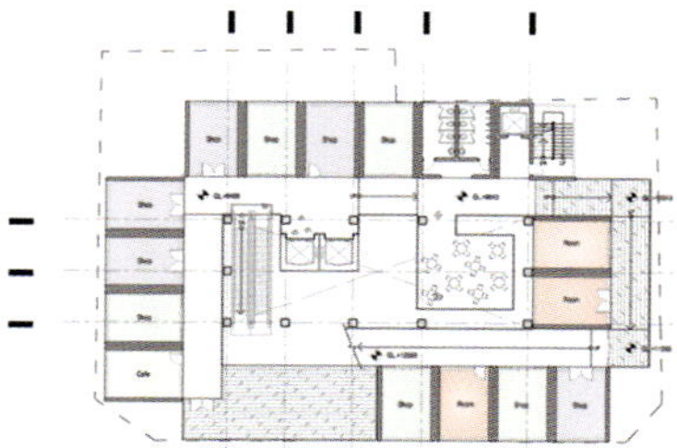

3rdFloor Plan

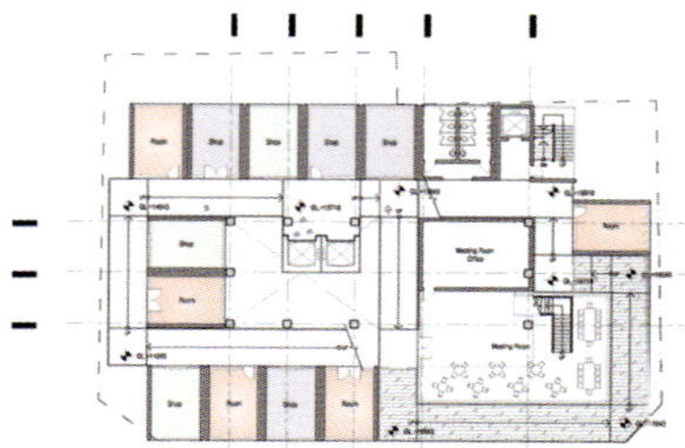

4thFloor Plan

or Plan

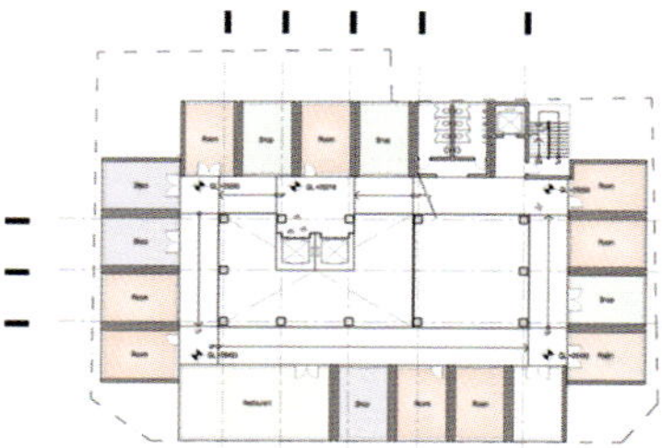

7thFloor Plan

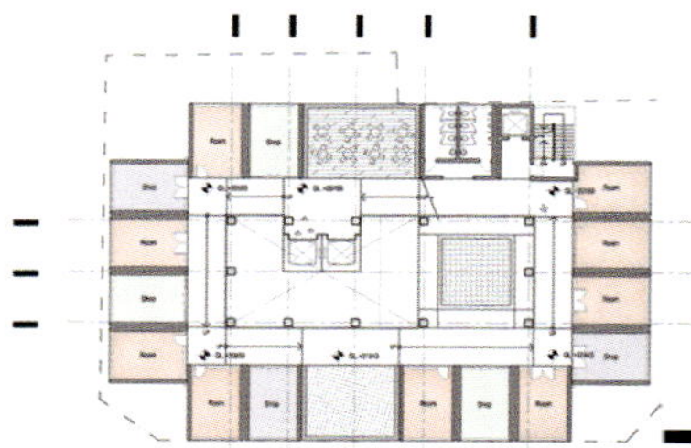

8thFloor Plan

DETAIL SECTION

ALT1

NT PANEL : 색상이 다양하고 마감이 자유롭고 유지보수성이 뛰어나고,
오염이 표면을 침투하지 못하고 오염되었다 하더라도 청소가 용이한 패널

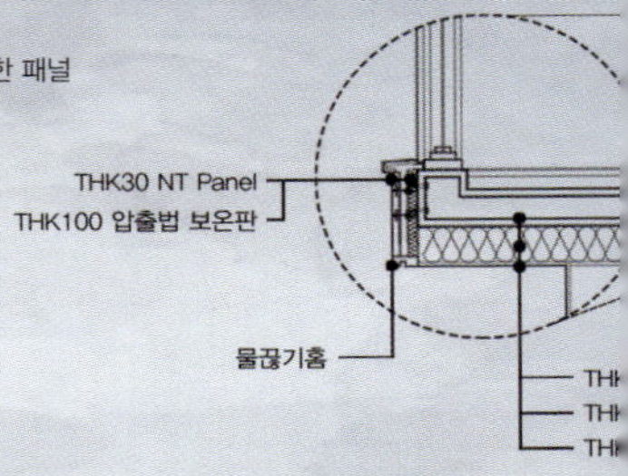

ALT2

MEG PANEL : 외장 전용 고밀도 목재 패널로서 목분패널로 만든 일반 다른 제품과는 달리
적층 크라프트를 고온 및 고압에서 압축시켜 만든 HPL 패널

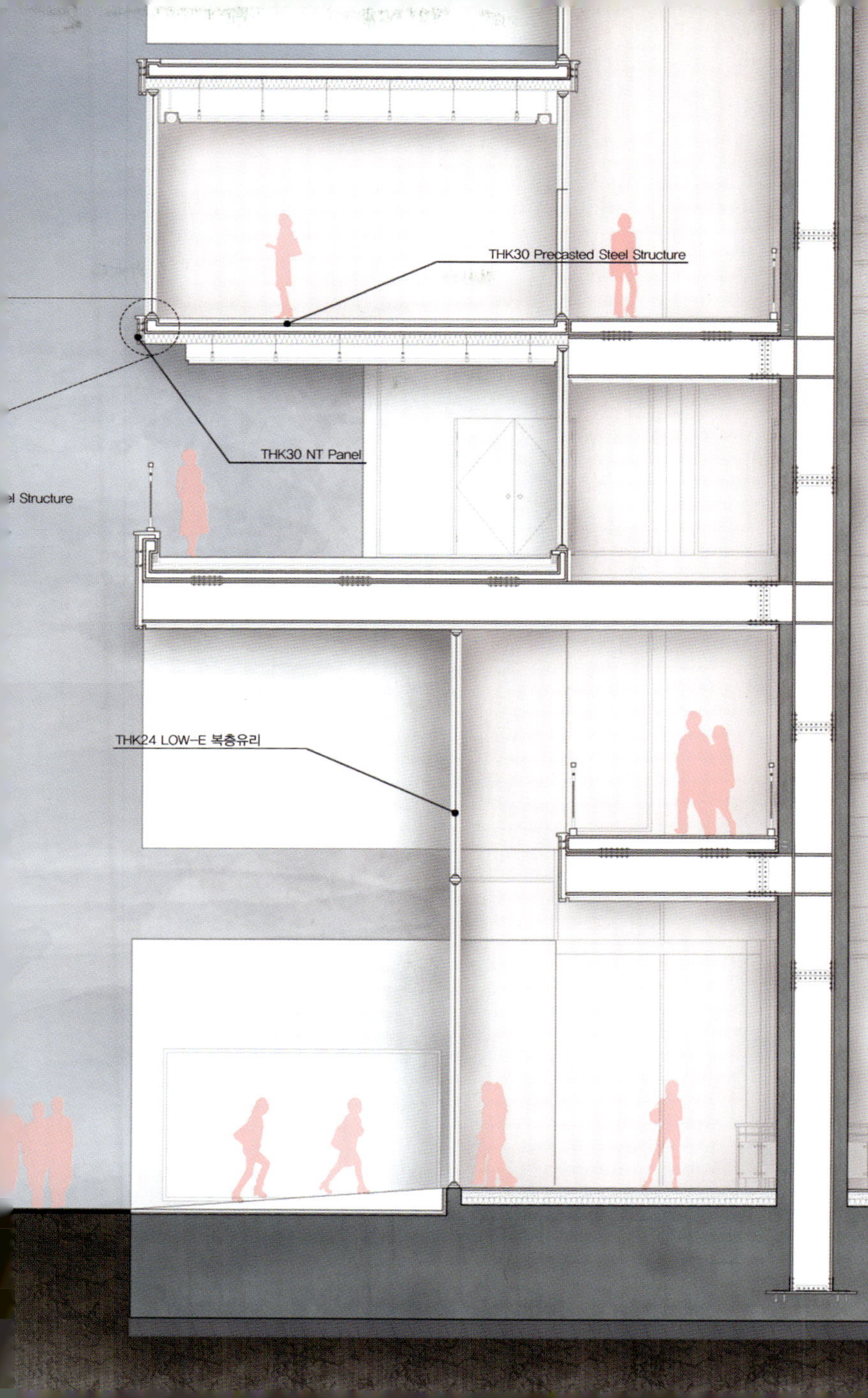
THK30 Precasted Steel Structure
THK30 NT Panel
el Structure
THK24 LOW-E 복층유리

MODEL

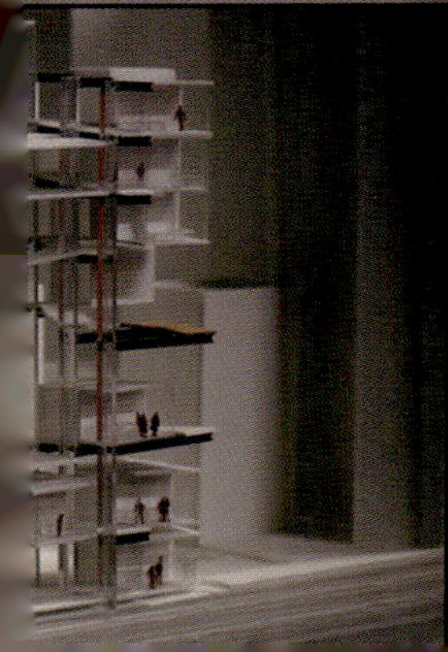

PERFOMING ART SCHOOL

이지훈 | lee, jihoon

본 프로젝트는 문화예술 발전을 위해 공연예술전문가를 양성할 예술교육 공간을 구현하는 것을 목표로 한다. 이론적 교육이 이루어지는 공간, 그와 함께 현장훈련이 가능한 공간의 통합을 통해 기존의 예술학교들과는 차별화 된 전문가를 양성하는 교육 공간을 만들되 각 영역 간, 그리고 사회와의 소통을 통해 발전할 수 있는 공간을 조성하고자 한다. 이러한 예술교육 공간의 조성을 통해 학생들은 사회를 이끌어 갈 전문가가 되는 과정을 경험하고, 또 일반 시민은 그들을 통해 새롭게 생성되는 문화와 예술을 접하는 지역문화 발전의 구심점의 역할을 하며, 장소의 상징성을 공고히 하고자 한다.

Analysis

Myungdong

명동은 현재 많은 유동인구와 과밀화된 건축물로 인해 고밀도의 지역 특성을 가지고 있다. 상업공간은 많은 상황인 반면에 시민들은 휴식 및 문화생활은 할 공간은 매우 제한적이다. 계성여자고등학교는 67년 간 학교로의 모습으로 학생들의 교육의 장소였다. 그동안 매우 제한적인 인원이 이용한 것이다. 오랜 역사와 아름다운 건축적 양식을 가지고 있으면서도 명동의 한 켠에서 숨어 지내왔다. 계성여자고등학교의 오픈스페이스 및 공간은 명동의 많은 시민들에게 휴식과 문화적 공간을 제공하기에 충분한 여건을 가지고 있다.

1 : 명동일대 상업지역
2 : 명동성당 일대 종교지역
3 : 도로변 업무시설
: Open Space

GYE SEONG GIRLS'HIGHSCHOOL

명동성당의 종교적인 특성과 명동지역의 상업화는 충돌하며 차단되고 있으며 명동을 찾는 많은 보행자들에게 문화적인 측면이나 휴식적인 측면에서 다양한 보행환경을 제공하지 못하고 있다. 이러한 상황에서 종교지역과 상업지역 사이에 놓여져 있는 계성여자고등학교는 문화공간 형성을 통한 두 지역의 완충적 역할을 할 수 있는 입지성을 가지고 있다.

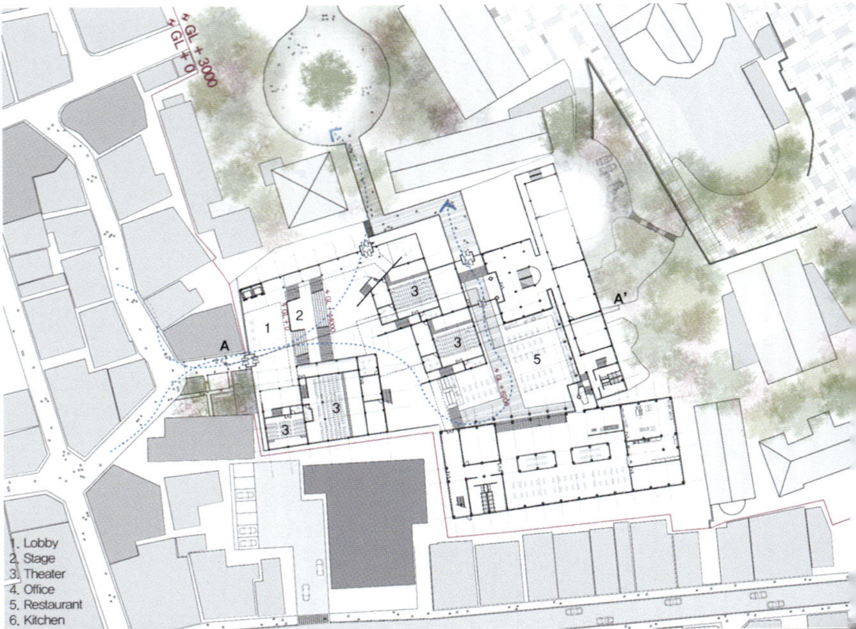
GL + 3000
GL + 0
A
A'
1
2
3
5
1. Lobby
2. Stage
3. Theater
4. Office
5. Restaurant
6. Kitchen

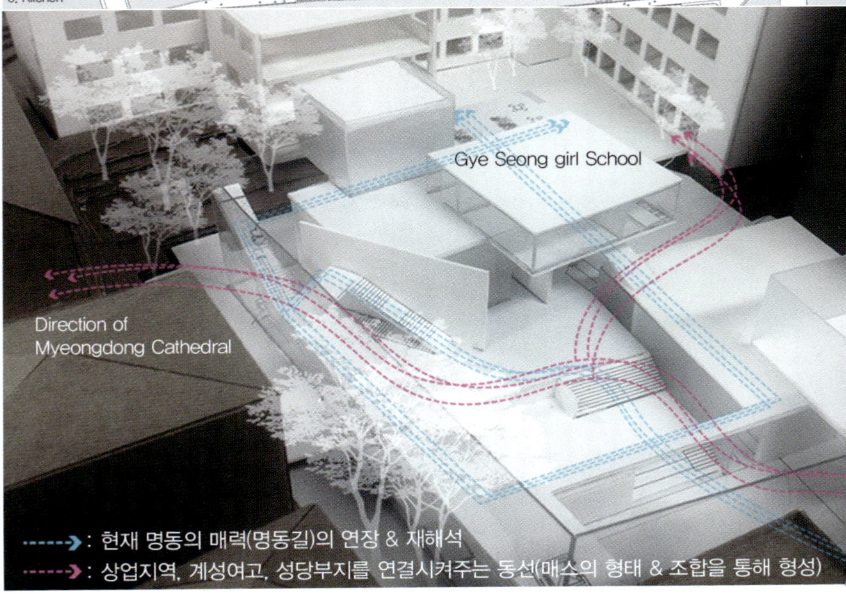
Gye Seong girl School
Direction of
Myeongdong Cathedral
: 현재 명동의 매력(명동길)의 연장 & 재해석
: 상업지역, 계성여고, 성당부지를 연결시켜주는 동선(매스의 형태 & 조합을 통해 형성)

Concept Point

Point_1

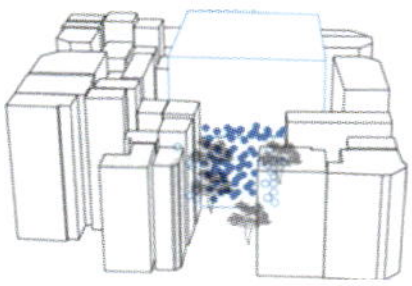

Point_2

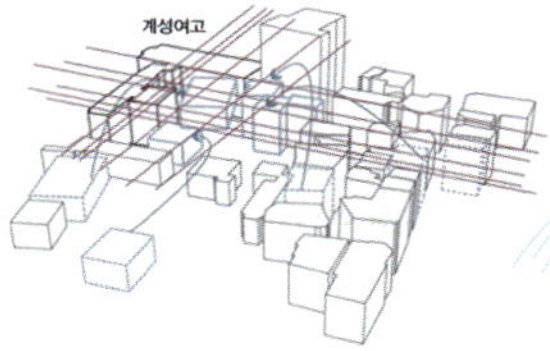

Point_3

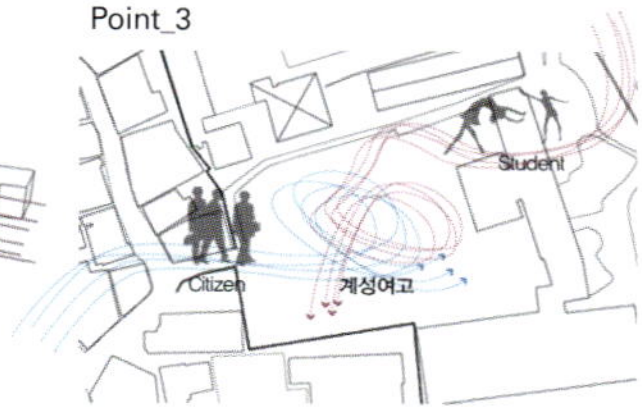

이 프로젝트는 명동이라는 시가지 안에 위치한 만큼 주변 지역과의 어울림이 중요하다고 생각하였다. 그에 따라 매스의 조합은 명동의 도시 축을 반영하여 주변 건물과 이질적이지 않게 배치를 하였다. 또한 매스들을 감싸는 대공간을 형성하여 오픈스페이스가 부족한 명동 안에 시민들의 휴식공간을 제공해 주고자 하였다.

Space Idea

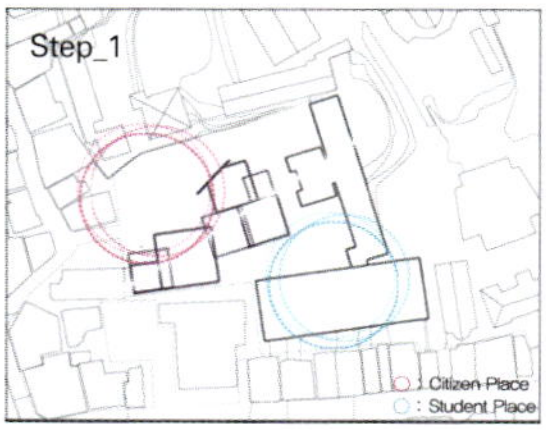

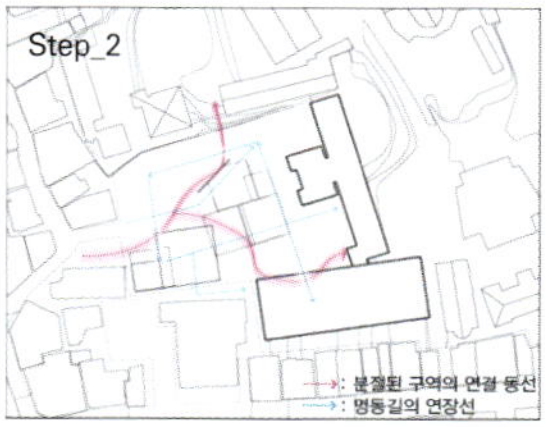

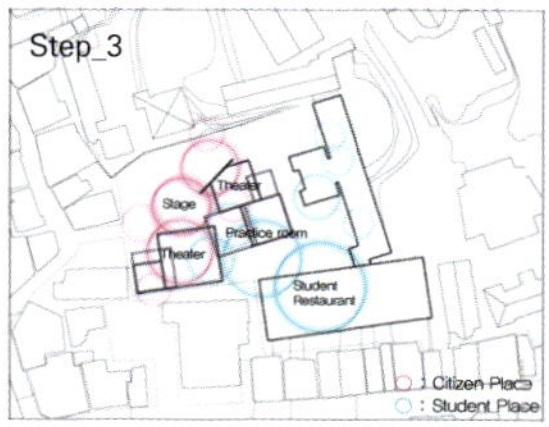

Step_1

기존 계성여고의 공연예술학교로의 기능 변경 및 시민들의 공간 형성으로 인한 시민과 학생들 사이의 기능적 혼동을 새로운 매스를 통해 분리시킴.

Step_2

옹벽으로 인해 단절된 상업지역과 종교구역의 연결을 유도하고 명동의 가장 큰 매력인 길의 연장선을 근대건축물과 함께 어울어지도록 디자인함.

Step_3

기능적 분리를 시켰으나 매스(공연장)에서 시민과 학생의 하나됨을 유도, 학생들은 공연을 통해 현장경험을 쌓고, 시민들에게는 문화시설을 제공.

Inside Perspective

Elevation

Roof Detail

천장의 디테일은 태양열 충전과 GKD System, 두 가지 System이 공존하고 있다. 태양열 집열판을 설치하여 친환경적 건축물을 실현하고자 하였다. 그와 동시에 스틸 메쉬를 이용한 전자동 GKD System을 도입하여 차양을 하도록 하는 동시에 천장의 입면을 다양화하고자 하였다.

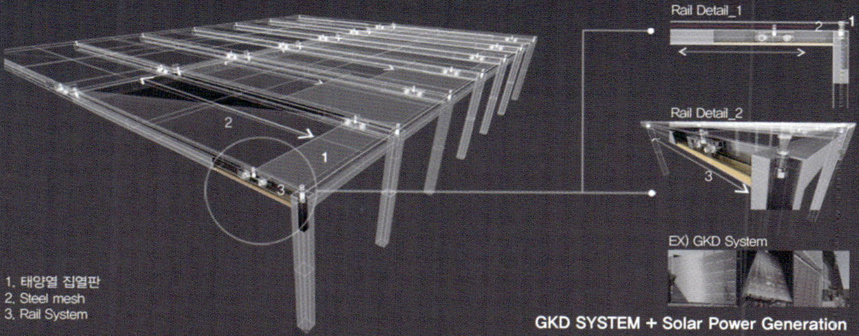

1. 태양열 집열판
2. Steel mesh
3. Rail System

GKD SYSTEM + Solar Power Generation

Section

Citizen + Stud
Citizen Place
Stage
Lobby
Main lobby & Rest Place

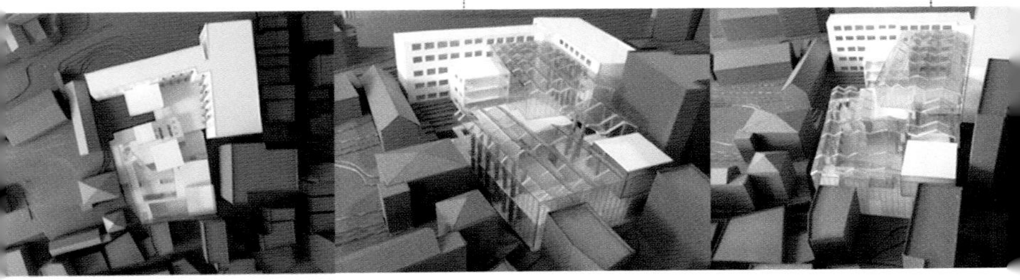

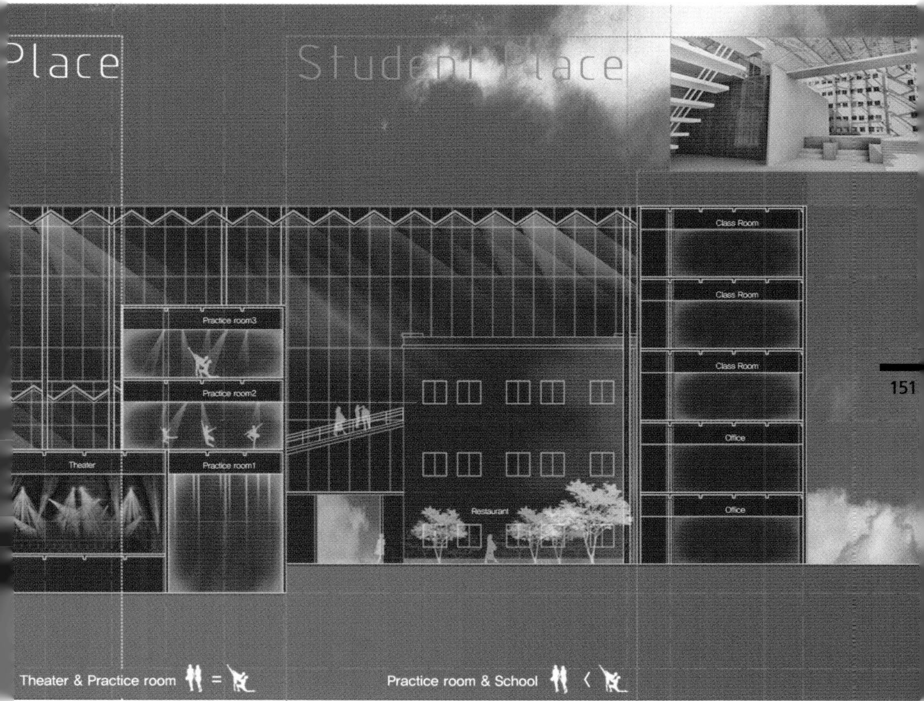
Place
Student Place
Class Room
Class Room
Class Room
Office
Office
Practice room3
Practice room2
Theater
Practice room1
Restaurant
Theater & Practice room
Practice room & School

RECONSTRUCTING LOST MEMORIES

임수지 | Lim , Sooji

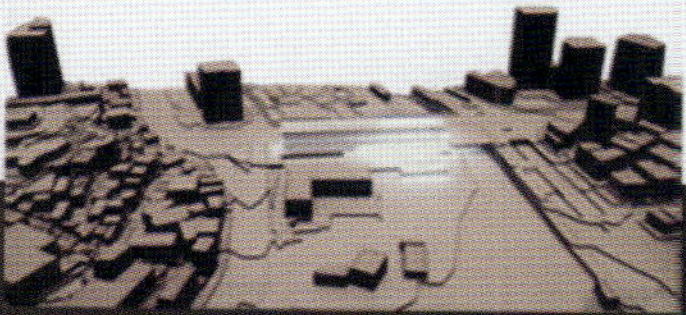

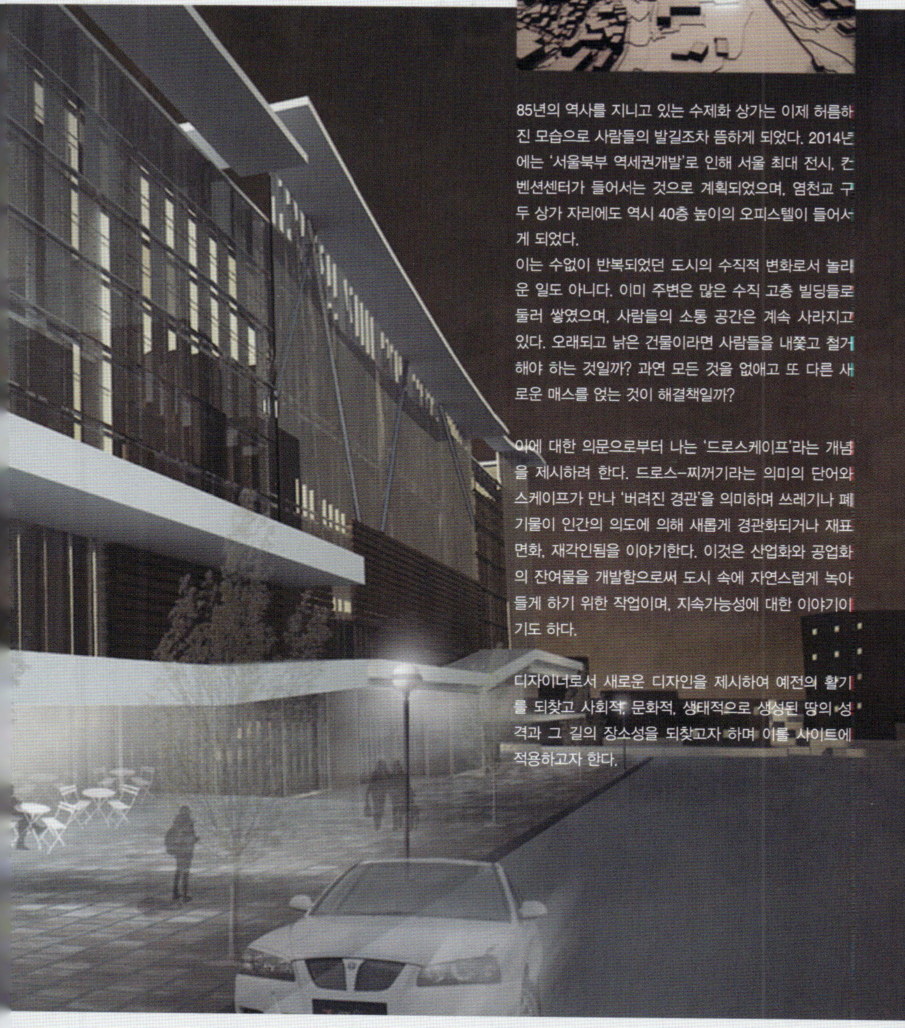

85년의 역사를 지니고 있는 수제화 상가는 이제 허름하진 모습으로 사람들의 발길조차 뜸하게 되었다. 2014년에는 '서울북부 역세권개발'로 인해 서울 최대 전시, 컨벤션센터가 들어서는 것으로 계획되었으며, 염천교 구두 상가 자리에도 역시 40층 높이의 오피스텔이 들어서게 되었다.
이는 수없이 반복되었던 도시의 수직적 변화로서 놀라운 일도 아니다. 이미 주변은 많은 수직 고층 빌딩들로 둘러 쌓였으며, 사람들의 소통 공간은 계속 사라지고 있다. 오래되고 낡은 건물이라면 사람들을 내쫓고 철거해야 하는 것일까? 과연 모든 것을 없애고 또 다른 새로운 매스를 얹는 것이 해결책일까?

이에 대한 의문으로부터 나는 '드로스케이프'라는 개념을 제시하려 한다. 드로스-찌꺼기라는 의미의 단어와 스케이프가 만나 '버려진 경관'을 의미하며 쓰레기나 폐기물이 인간의 의도에 의해 새롭게 경관화되거나 재표면화, 재각인됨을 이야기한다. 이것은 산업화와 공업화의 잔여물을 개발함으로써 도시 속에 자연스럽게 녹아들게 하기 위한 작업이며, 지속가능성에 대한 이야기이기도 하다.

디자이너로서 새로운 디자인을 제시하여 예전의 활기를 되찾고 사회적, 문화적, 생태적으로 생성된 땅의 성격과 그 길의 장소성을 되찾고자 하며 이를 사이트에 적용하고자 한다.

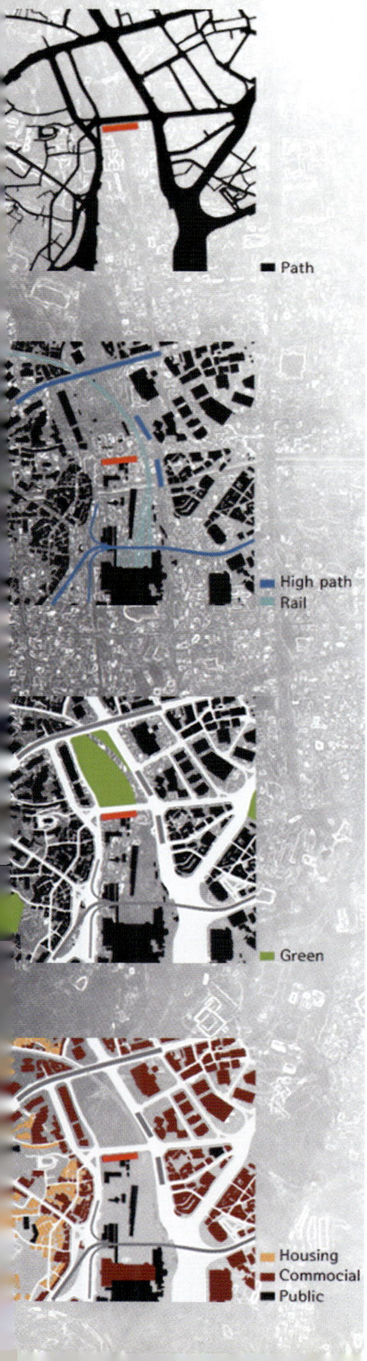

13년 동안 염천교 주변에 늘어난 고층 빌딩의 수는 40여 개.

범위가 확장될수록 그 수가 증가할 것이라는 것은 누구나 상상할 수 있다. 아직 남아 있는 저층 주거 및 상가들이 많지만, 새로운 도시 발전을 위한 명목을 앞세워 계획지로 지정된 곳이 대부분이다. 그 속에 남아있는 염천교의 전통은 오래된 건물과 함께 사라져가고 있다.

도시환경에 대한 해결책이 고층빌딩으로 채워지고 있는 지금, 새로운 가로의 정비와 함께 재해석되어야 하는 염천교의 도시 문제를 제기하고자 한다.

Density (2000)

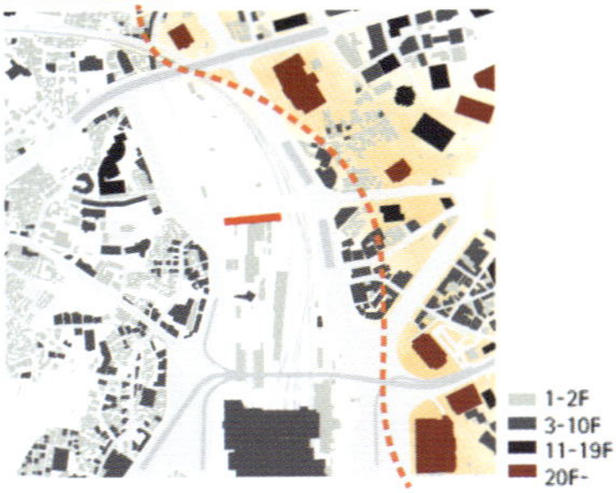

Density (2013)

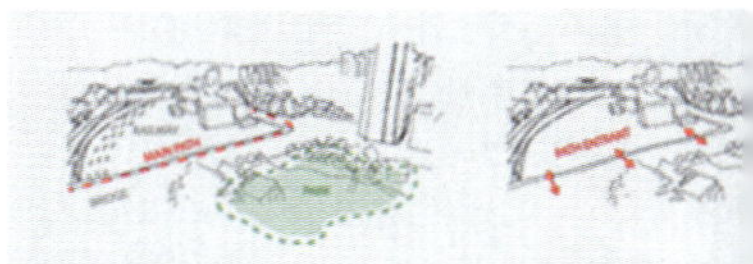

Bridge : 다리 위에 위치한 대지를
장점으로 다양한 View 활용

Street Communica
거리와의 소통, 직접적
내부로의 유입

Monument + Traces

To be Improved Density

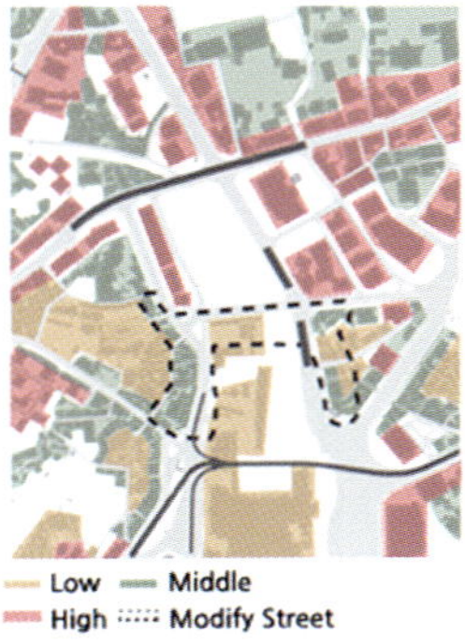

Footprint

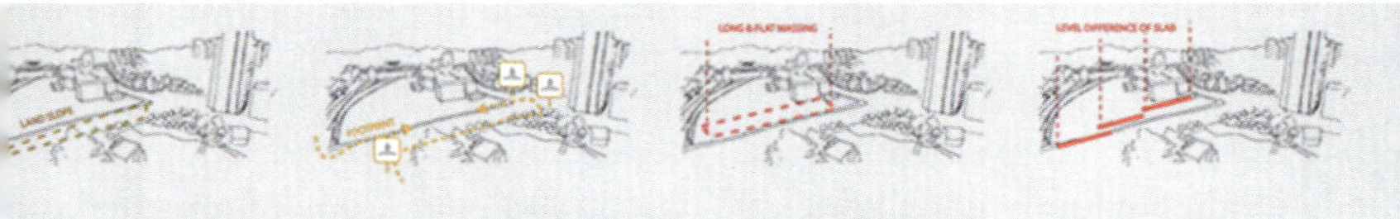

Slop : 다양한 공간와 진출입을 수 있는 조건

Foot Print : 다양한 방향에서의 출입이 가능한 가로 환경 이용

Flat Massing : 길고 좁은 대지를 이용하여 낮고 거리와 소통하는 건물 형성

Make " Three Skip Floor " : 지형을 건물 내부로 흡수. 풍부한 공간 형성

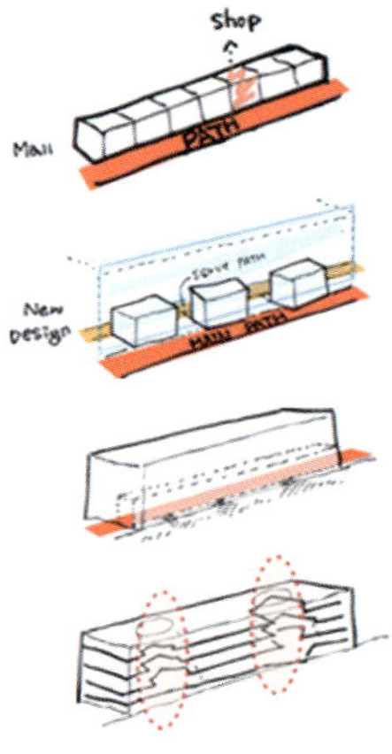

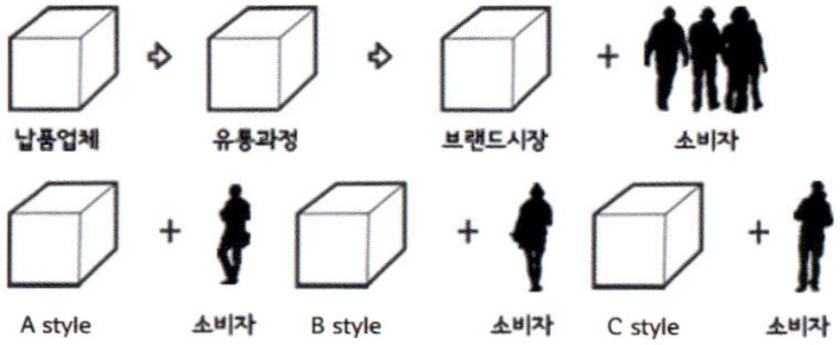

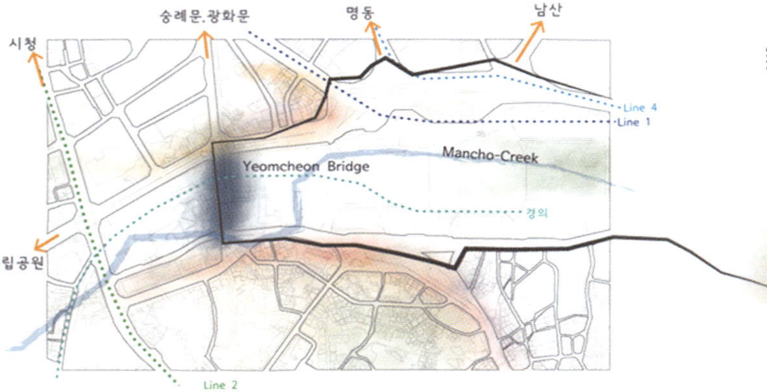

1416
서소문 밖 형장으로 지정

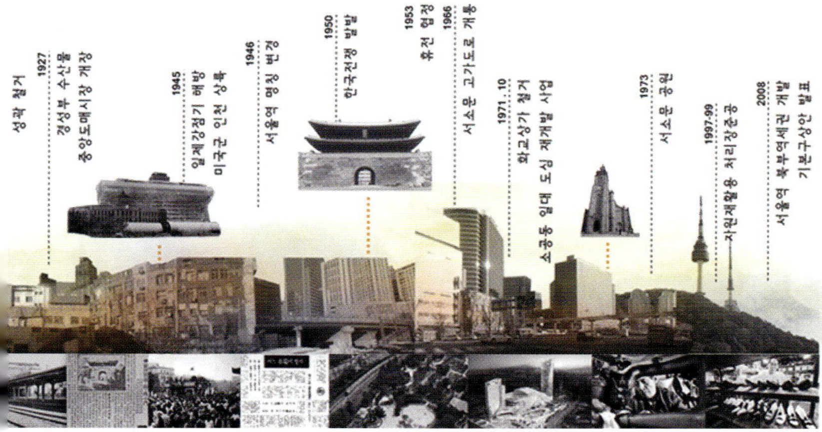

성곽 철거
1927
경성부 수산물
중앙도매시장 개장
1945
일제강점기 해방
미국군 인천 상륙
1946
서울역 명칭 변경
1950
한국전쟁 발발
1953
휴전 협정
1966
서소문 고가도로 개통
1971. 10
화교상가 철거
소공동 일대 도심 재개발 사업
1973
서소문 공원
1997-99
자원재활용 처리장준공
2008
서울역 북부역세권 개발
기본구상안 발표

ELEVATION

Interior Perspective

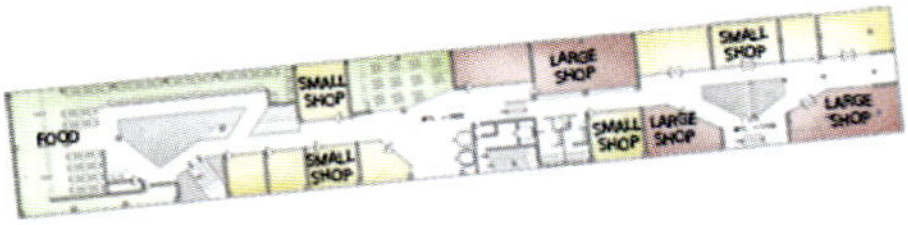

5th FLOOR PLAN

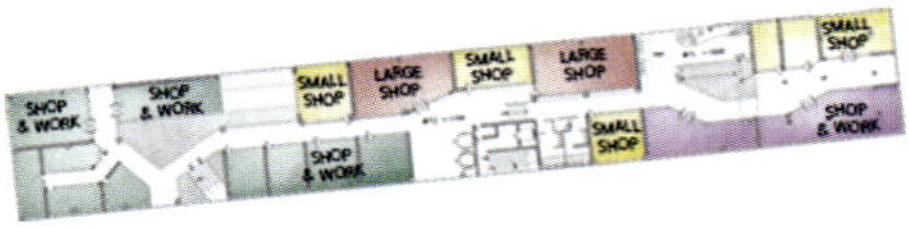

4th FLOOR PLAN

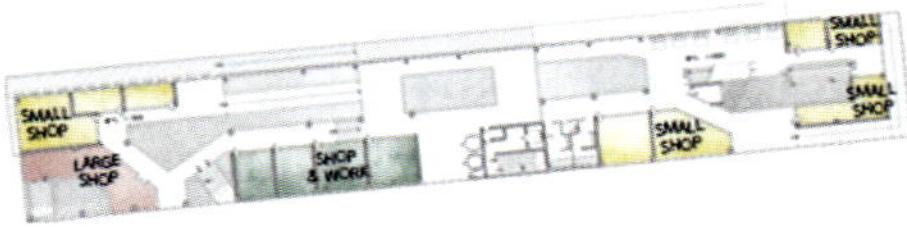

3rd FLOOR PLAN

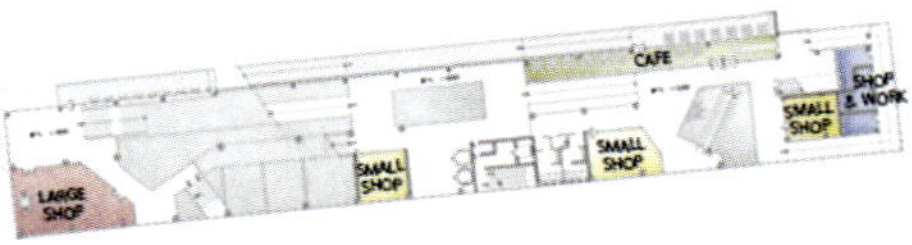

2nd FLOOR PLAN

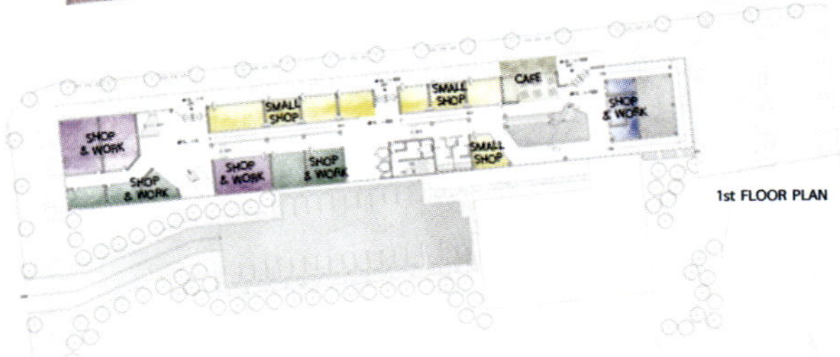

1st FLOOR PLAN

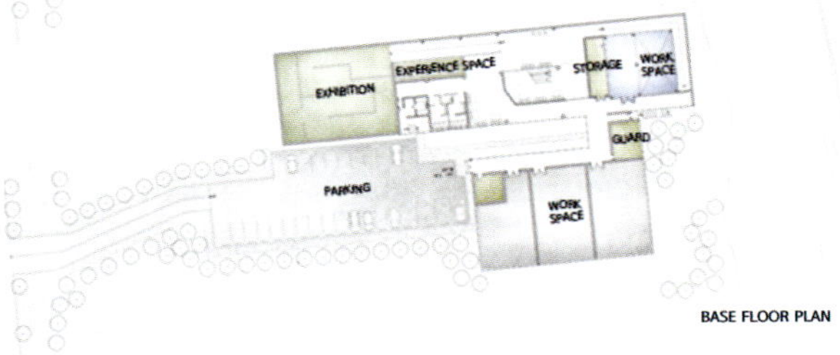

BASE FLOOR PLAN

162

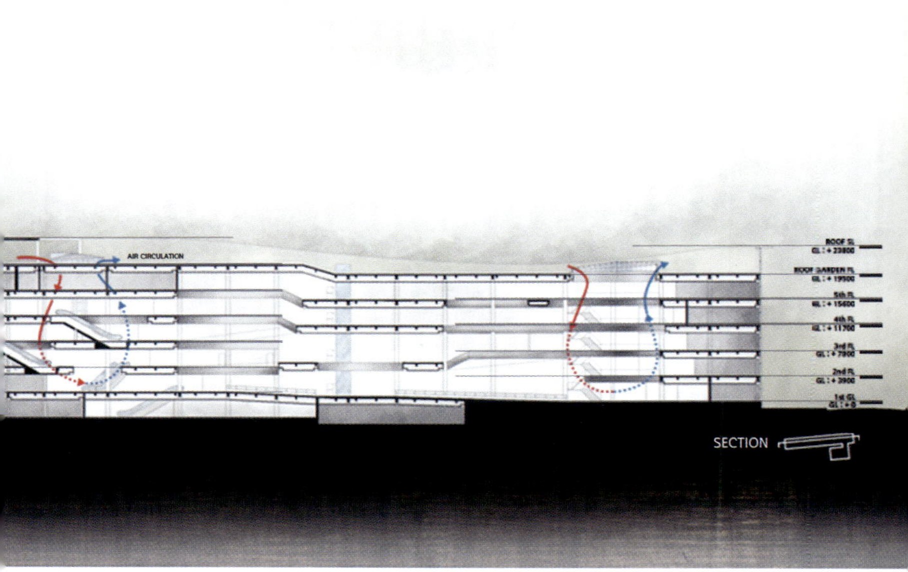
AIR CIRCULATION
ROOF SL
GL : + 23800
ROOF GARDEN FL
GL : + 19500
5th FL
GL : + 15600
4th FL
GL : + 11700
3rd FL
GL : + 7800
2nd FL
GL : + 3900
1st GL
GL : + 0

SECTION

U.I. MEDIA ART CENTER

URBAN INTERACTIVE MEDIA ART CENTER

도시의 새로운 아이덴티티를 부여하는 미술관으로서의
강남역 미디어 아트 센터 계획안

정상교 | Jeong, sangkyo

Synopsis

현대 도시와 미술관 그리고 디지털 미디어의 등장

도시 공간 속의 건축물은 도시생활을 만들어내는 존재이며 도시 속에서 일어나는 모습과 경험을 담는 장소로서 의미를 지닌다. 그 중에서도 현대 도시의 미술관은 도심에서 문화적 욕구를 해소할 수 있는 중요한 요소 중에 하나다. 현대 도시민의 문화에 대한 욕구는 날로 증가하고 있으며 복잡해지고 있지만 오늘날 미술관들은 현대사회의 변화를 따라가지 못하고 다양한 대중의 요구를 수용하지 못하고 있다. 따라서 현대사회에서의 미술관에 대한 역할과 사회적 기능과 전시 패러다임 등의 새로운 해석과 접근이 필요하다.

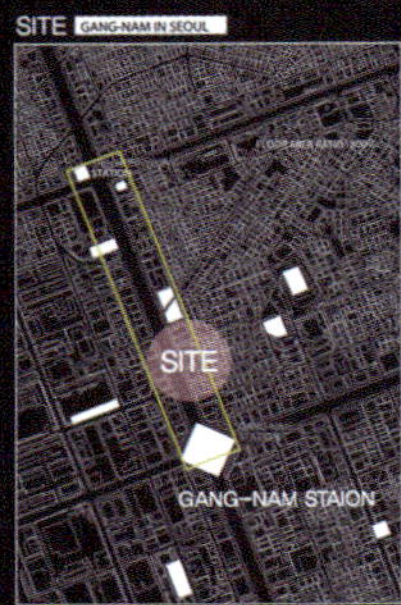

INTERACTIVE ART – 미디어와 예술의 만남

디지털 미디어의 등장으로 인해 예술은 큰 변화를 맞이하게 된다. 고전매체를 이용한 예술은 작가가 일방적으로 관람객에게 메시지를 전달하는 일방향성 소통의 성격을 띠었다. 하지만 디지털 미디어를 매체로 하는 예술의 등장으로 작가와 관람객의 소통이 다양해졌다. 디지털 미디어의 인터랙티브한 특성을 이용하여 관람객이 작품에 참여하여 새로운 의미부여가 가능해진 것이다.

문화의 축을 드러내다

상대적으로 문화적 아이콘이 부족한 강남지역에 본 계획안을 제안함으로써 강북과 강남지역의 문화적 균형을 이룸과 동시에 서울을 가로지르는 문화적 축을 형성하고자 한다. 미디어 미술관의 도입으로 강남역에 새롭게 자리 잡고 있는 아이덴티티를 강화하며, 도심의 아이콘 역할을 꾀하고, 공공 문화 공간을 제공하여 도시의 이미지와 장소성에 기여할 수 있는 가능성을 찾아보고자 한다.

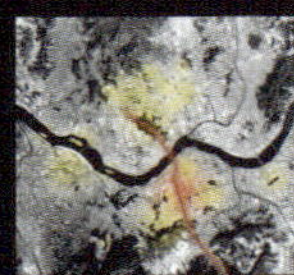

MEDIA POLL 강남역의 새로운 아이덴티티

강남역 사거리 가로 정비 사업의 일환으로 진행 중인 미디어 폴은 강남역의 아이덴티티를 바꾸고 있다. 미디어 폴은 미디어 매체를 이용하여 광고를 통한 상업적인 홍보효과를 비롯하여 미디어 아트를 보여주어 행인들에게 정보 및 문화를 전달하는 매체로써 그 역할을 하고 있다. 강남역 사거리와 교보타워에 이르는 길거리에 설치되어 있는 미디어 폴은 단순히 행인들에게 정보를 전달하기만 하는 일차원적 소통이 아닌 인터렉티브한 소통을 가능하게 하고 있다. 미디어 폴 하부에 설치되어 있는 다양한 기능들(화상카메라, 지역안내, E-mail 및 교통정보 서비스 등)을 제공하여 거리를 걷는 행인들의 참여와 도시와의 소통을 유도한다.

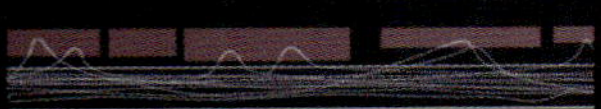

미디어폴 설치 이전의 보행 현황

미디어폴 설치 이후의 보행 현황

미디어와 건축의 만남 그리고 새로운 가능성

기술이 진보할수록 건축을 구현하는 제약이 줄어들게 되어 다양한 방법들로 건축을 구현할 수 있게 되었다. 디지털 미디어와 건축의 만남으로 인해 기존 공간의 개념을 달리하고 건축물의 외관이 갖는 의미에도 다양한 가능성을 갖게 되었다. 공간과 구조, 건물의 파사드 등의 요소들이 디지털 미디어라는 매체로 인해 또 다른 표현이 가능해 진 것이다. 이는 건축에서 다루는 공간에 대한 담론과 입면과 구조에 대한 새로운 생각을 펼칠 수 있는 가능성이 열린 것이라 볼 수 있다.

STE ANALYSYS URBAN CONTET OF GAN-NAM

계획하고자 하는 대지의 기존 건물들은 주변의 강남대로 건물들 중에서 오래된 건물들이 차례로 들어차 있는 곳이다. 상업의 밀도를 채우기 위해서 주변 건물들은 높이 솟아난 반면 기존 건물들은 낮아서 스카이라인 및 입면 형태, 건물의 기능들이 주변과 다른 상황이다.

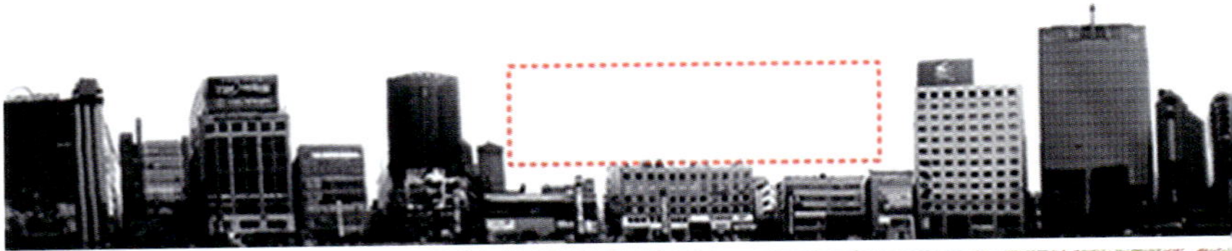

HIGH-RISE DENSITY

GRAIN

PATH

TRANSPORTATION

ZONING

HIGH-RISE DENSITY

넓은 강남대로를 중심으로 늘어서 있는 건물들은 대부분 높은 층수의 건물이다. 사이트는 주변의 상황에 따라가지 못한 채 낮은 밀도의 층수를 보이고 있다.

GRAIN

강남대로를 중심으로 대로변에 접한 건물들은 큰 덩어리들로 분포되어 있고 그 안쪽으로 뻗어나가는 작은 골목들 안에는 대조적으로 작은 덩어리들의 건물들이 빽빽하게 분포하고 있다.

PATH

강남은 전형적인 격자체계의 도로망으로 구성되어 있다. 강남대로는 남산과 강남 그리고 성남으로 이어지는 커다란 축을 형성하고 있다.

TRANSPORTAION

강남은 유래를 찾아보기 힘들 정도로 교통망이 집중되어 있는 곳이다. 강북과 강남 그리고 경기지역에서 모여들고 뻗어나가는 유동인구들을 수용하기 위해 교통망이 체계적으로 밀도있게 구성되어 있다.

ZONING

강남대로를 중심으로 상업시설이 뚜렷하게 형성되어 있다. 대로변에 접한 곳은 주로 상업시설이 위치하고 있으며 그 안쪽으로는 주거지역들로 차있다. 주거지역 또한 높이 제한하기 위해 2종 주거지역(7층 이하)과 3종 일반주거지역을 구분해 놓았다.

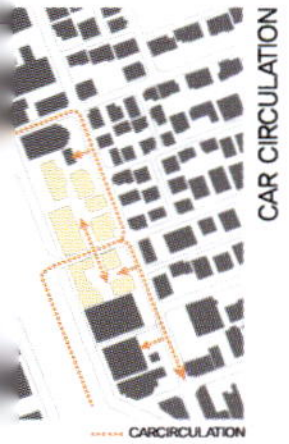

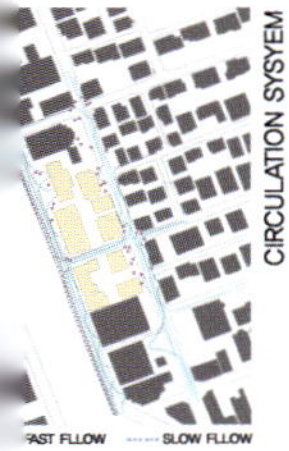

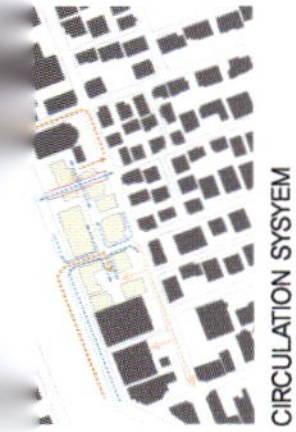

SITE PLAN

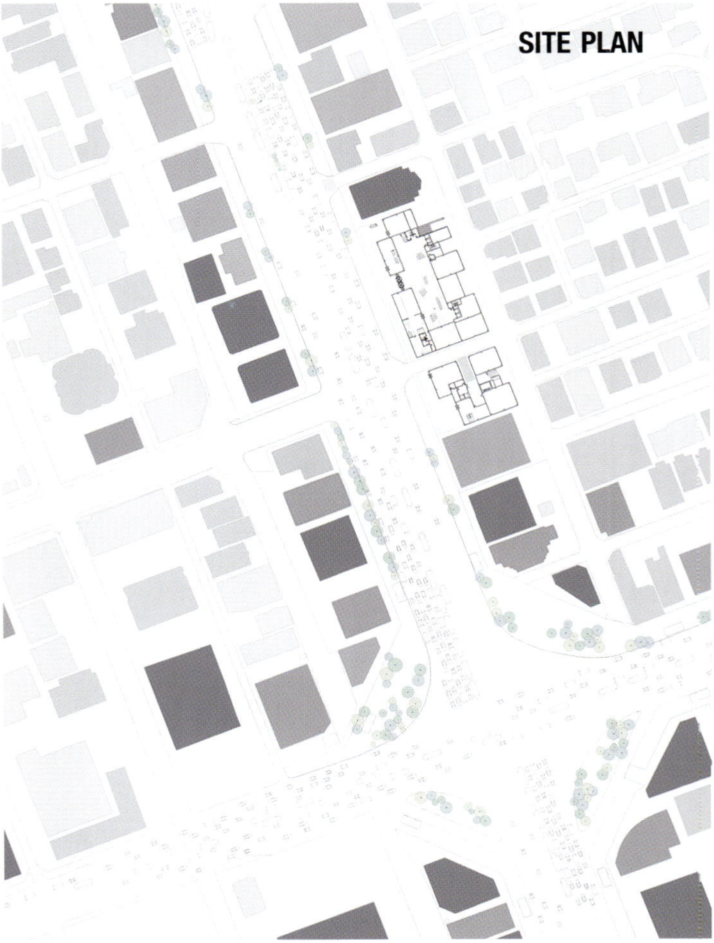

URBAN VOID PATTERN

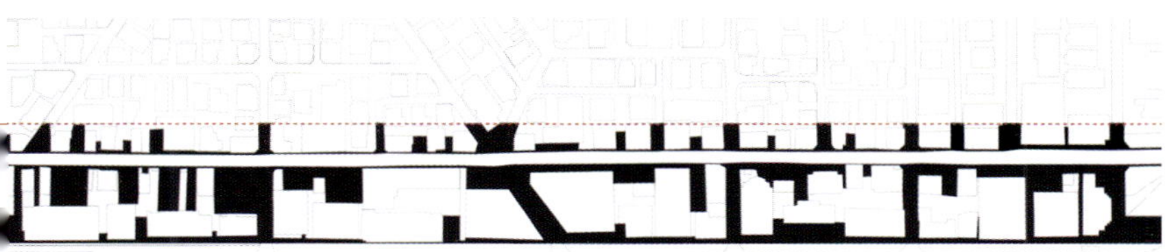

INTERACTIVE URBAN ATRIUM

도시와 미디어 그리고 예술을 묶는 소통의 매개 공간

도시를 향해 열려 있는 이 공간은 미술관의 로비이자 도심의 아트리움이다. 이 거대한 아트리움에서 방문객들은 강남역의 도시 컨텍스트를 체험하는 동시에 미디어라는 수단을 통해 정보와 예술을 도시에 투영시킬 수 있다. 해당 사이트의 스카이라인을 채우기보다는 비움으로써 기존 강남역 거리가 갖는 성격에서 한걸음 물러나 새로운 것을 채울 수 있는 여지를 두었다. 미디어 아트라는 요소를 더해 기존 강남역 거리가 갖지 못하는 컨텍스트를 부여해 새로운 상징성을 제시하였다.

U.I. MEDIA LIBRARY

미디어 도서관은 저층의 상업시설과 위층의 미술관을 연결하는 매개 공간이다. 저층부터 시작되는 동선과 미술관으로 이어지는 동선의 정거장 역할을 하는 동시에 강남역 뒷쪽 골목에서도 자유롭게 접근이 가능하다. 방문객들은 이곳에서 자유롭게 정보를 접하거나 공유할 수 있고 미디어를 통해 도시 컨텍스트를 체험할 수 있다. 인근에 위치하고 있는 교보문고와는 또 다른 방식으로 정보에 접근할 수 있다.

U.I. MEDIA ART CENTER
– 1ST LEVEL EXBITION SPACE

도시의 컨텍스트를 가득 담은 거대한 아트리움 안에서 전시 행위가 일어나는 크고 작은 매스들이 얽혀 있다. 각 매스들은 미디어 아트의 전시방법이나 성격에 따라 유형화 된 공간 패턴을 지니고 있으며, 때로는 가변적인 공간이다. 관람객들은 이 공간에서 미디어라는 수단으로 인해 도시와 예술, 주변과의 소통을 체험할 수 있다.

SPACE TYPE FOR MEDIEA ART – SPACE TYPE 1 TO 5

1. Wall display

Wooden Mirror / Daniel Rozin 1999
I am here. I was here / Seo, Hyojung 2005
Reface [Portrait Sequencer] / Golan Levin and Zachary Lieberman 2007

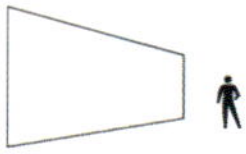

2. Independent Space

Field-Work@Alsace / Masaki Fujihata 2002
'Swarm Light' by rAndom International / Design Miami 2010
Differential Life Integral City / Ha, Taesuk 2009
Noctiluca / Takahiro Matsuo 2004

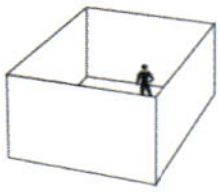

3. Performance

Mimesis was co-created / Liubo Borissov and violinist Maja Cerar 2007
Apparition / Klaus Obermaier & Ars Electronica Futurelab 2005
Space in mind / Seo, Hyojung 2005
Dialtone / Golan Levin 2002
Data.Matrix / Ryoji Ikeda 2005

4. Large space / Installation

Augmented Fish Reality / Ken Rinaldo 2004
Varietal Urbanus Femal / uram choi 2007
Mobile Mobile / James Theophane 2010

5. Object

Volume at the V&A / UVA&playstation 2006
Sibylle Hauert and Daniel Reichmuth Instant City
TAMBURI / Studio Azzurro 2001

BEHAVIOR ANALYSIS

TYPE A

TYPE B

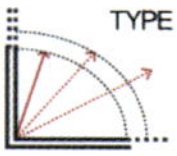

TYPE C

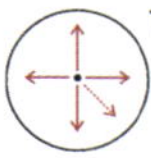

COMBINATION

A + TYPE 1

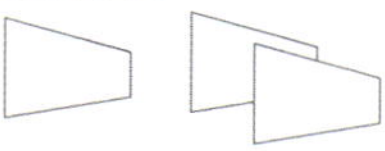

A + TYPE 2

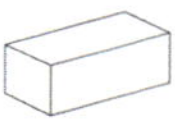

A + TYPE 5

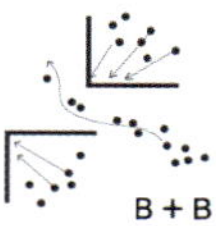

B + B

C or B + TYPE 3

C + TYPE 4

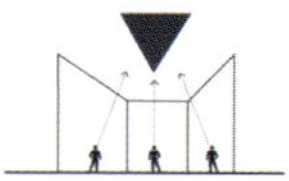

C + TYPE 1 or TYPE 2

U.I. MEDIA ART CENTER PLAN DRAWING

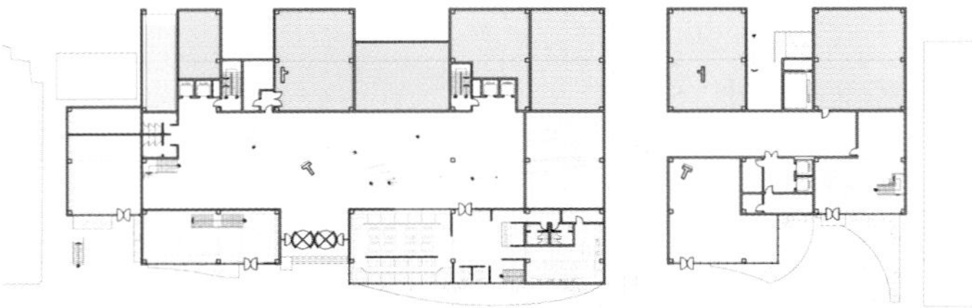

1ST FLOOR PLAN

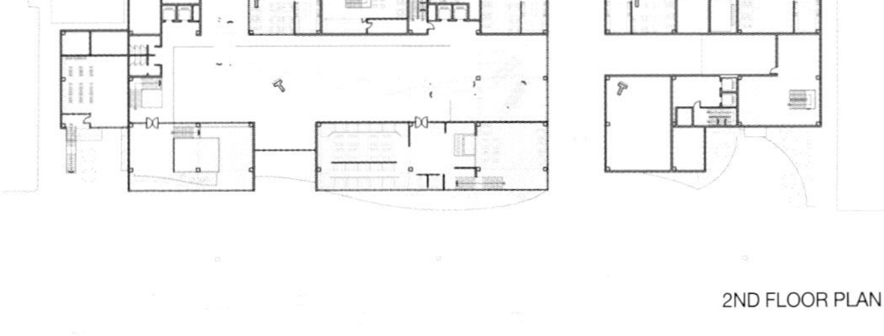

2ND FLOOR PLAN

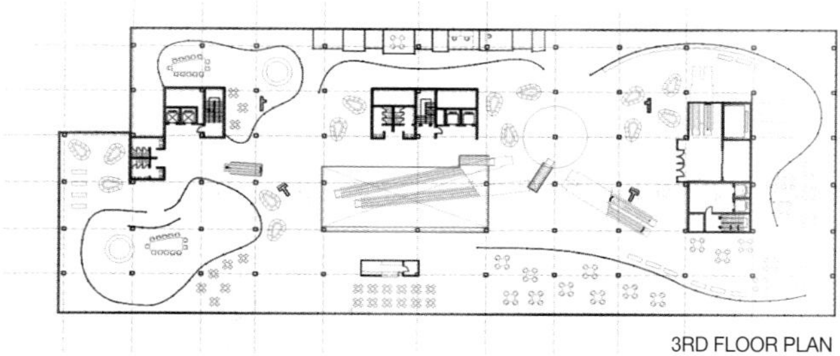

3RD FLOOR PLAN

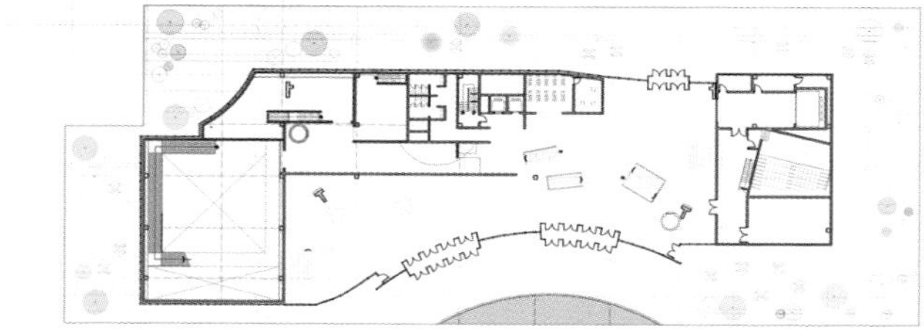

4TH FLOOR PLAN

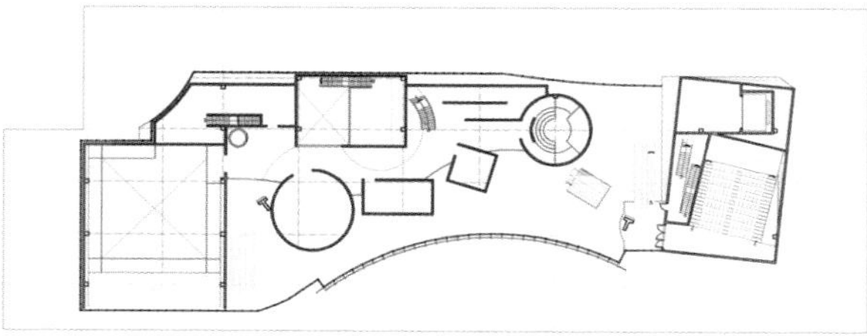

5TH FLOOR PLAN

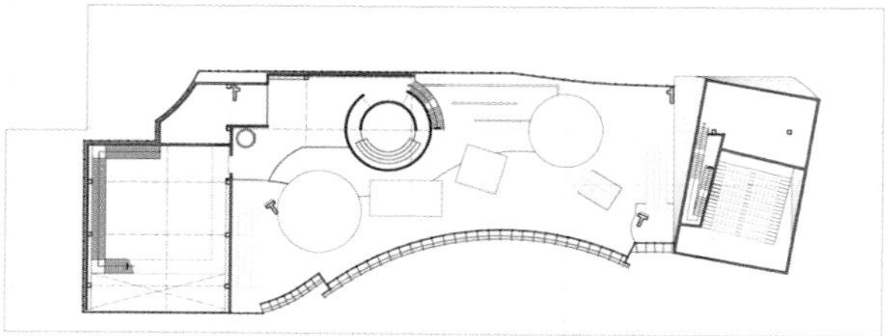

6TH FLOOR PLAN

SECTION PLAN

URBAN TECTONIC 2014

저자 프로필

이준석 Lee, Junsuk, AIA

현 명지대학교 건축대학 교수

2013, 2012 명지대학교 건축대학 공로상

2013, 2012 2008 (사)한국문화공간건축학회 Crystal Scale Prize 지도교수상

2012 뉴욕 Anonymous.d 국제설계경기 장려상

2010 명지대학교 교육상

2006 전곡선사박물관 UIA 국제설계경기 Merit Award 수상

2005 경기도 이천 월전 시립미술관 현상설계 우수상

임기웅 Lim, Kiung

현 솔토지빈건축사사무소(대표 조남호) 재직중

2013 명지대학교 건축대학 졸업

2009 제45회 경기건축대전 시니어부문입선

2009 차세대 문화공간 건축상 입선

2010 포항시 테라노바 화장실 디자인공모전 우수상

2010 포항시 테라노바 화장실 디자인공모전 장려상

2010 타이어뱅크 익스테리어 디자인공모전 장려상

2011 현대오일뱅크 대학생주유소 디자인공모전 특별상1위

2011 광주비엔날레 어반폴리 공모전 전시작

2011 포스코 대학생 건축설계공모전(구 강구조공모전) 최우수상

2012 차세대 문화공간 건축상 장려상

2012 명지대학교 건축대학 졸업작품전 최우수상

2013 GDEK 대한민국을 대표하는 예비디자이너 40인전 입상

백승화 Beck, Seunghwa

현 건축사사무소 WI Architecture & Design 재직중

2014 명지대학교 건축대학졸업

2013 제 4회 대한민국 해양디자인 공모전 금상

2013 대한건축학회 학생작품전 우수상

2013 명지대학교 건축대학 졸업작품전 최우수상

2012 차세대 문화공간 공모전 입선

2012 뉴욕 Anonymous.d 국제설계경기 장려상 공동수상

고광영 Ko, Raul

현 DDA건축사사무소 재직중

2013 명지대학교 건축대학 졸업

2012 차세대문화공간건축상 우수상

2012 명지대 졸업작품전 장려상

2011 경기건축대전 장려상

2010 Sapienza University of Rome : Maurizio Sacripanti Award

2009 JAD International Design Competition : Finalist

김소연 Kim, Soyeon

현 엄앤드이종합건축사사무소 재직중

2013 명지대학교 건축대학 졸업

김영헌 Kim, Younghun
현 천일건축엔지니어링종합건축사사무소 재직중
2013 명지대학교 건축대학 졸업
2012 명지대학교 건축대학 졸업작품전 장려상
2010 (사)한국 태양에너지학회 주최 제3회 친환경 건축디자인 공모전 입상

김현재 Kim, Hyunjae
현 아키엑스 건축사무소 재직중
2014 명지대학교 건축대학 졸업
2011 현대 오일 뱅크 주유소 공모전 특선
2013 서울 국제 학생 공모전 입선

이승수 Lee, Seungsoo
현 Lokaldesign 재직중
2014 명지대학교 건축대학 졸업
2013 명지대 졸업작품전 장려상
2013 ArchMedium 입선
2013 Evolo SKYSCRAPER Honorable Mention
2011 Posco Design Festa 최우수상
2011 경기건축대전 건축문화상
2010 D3 Section 수상

이윤지 Lee, Yoonji
현 (주)남산종합건축사사무소 재직중
2014 명지대학교 건축대학 졸업
2013 d3 Housing Tomorrow 2013 Special Mention_Land Deployable
2013 명지대학교 건축대학 졸업작품전 우수상
2013 제49회 경기건축대전 시니어부문 건축세계상

이지훈 Lee, Jihoon
현 엄앤드이종합건축사사무소 재직중
2013 명지대학교 건축대학 졸업
2013 명지대 졸업작품전 장려상
2012 대한건축학회 학생작품전 우수상
2010 인천건축학생공모전 입선
2010 barrier free 공모전 우수상

임수지 Lim, Sooji
현 (주)서인종합건축사무소 재직중
2014 명지대학교 건축대학 졸업
2012 뉴욕 Anonymous.d 국제설계경기 장려상 공동수상

정상교 Jeong, Sangkyo
현 (주)종합건축사사무소인우 재직중
2013 명지대학교 건축대학 졸업
2013 명지대학교 졸업작품전 우수상
2012 뉴욕 Anonymous.d 국제설계경기 장려상 공동수상
2011 경기건축대전 세계상
2011 현대오일뱅크 주유소 디자인 공모전 특별상 2위

URBAN TECTONIC

2014년 2월 28일 발행 **지은이** | 이준석 / 임기웅 / 백승화 / 고광영 / 김소연 / 김영헌 / 김현재 / 이승수 / 이윤지 / 이지훈 / 임수지 / 정상교

발행인 | 김기현 **발행처** | ***Spacetime*** · 시공문화사 **편집디자인** | 하나디자인

인쇄 | 예림인쇄 **용지** | (주)대림지업사 **제본** | (주)서정바인텍

서울시 서대문구 독립문공원길 17 극동프라자 5층

전화 | 02)3147-1212 · 2323 **팩스** | 02)3147-2626

E-mail | spacetime@korea.com Homepage | www.spacetime.co.kr

ISBN 89-5592-291-4

정가 12,000원